模型打印及成型技术

主 编 梁泽栋 李华雄 胡 亮

U0281768

重庆大学出版社

内容提要

本书以企业实际案例为载体,从工艺原理、打印材料、工艺特点、设备结构与操作方法、打印前模型处理与数据处理等方面详细介绍了目前业界主流的 FDM、SLA、SLS 、SLM 等 3D 打印工艺。本书根据"项目化""任务驱动"理念对内容进行合理编排,且每个章节对应一个项目案例,每个项目案例对应一种 3D 打印的成型工艺的前处理;每个项目案例包含若干任务,其中有相关理论、实践训练、项目小结、实践与评价、课后习题等,将理论与实操任务相结合,以培养学生的职业综合技能。

本书可作为职业院校机械类、机电类专业 3D 打印技术应用教材,也可作为相关 3D 打印岗位培训教材。

图书在版编目(CIP)数据

模型打印及成型技术 / 梁泽栋,李华雄,胡亮主编
. -- 重庆:重庆大学出版社,2019.9
(增材制造技术丛书)
ISBN 978-7-5689-1768-1

Ⅰ.①模… Ⅱ.①梁… ②李… ③胡… Ⅲ.①立体印
刷—印刷术—教材 Ⅳ.①TS853

中国版本图书馆 CIP 数据核字(2019)第 176727 号

模型打印及成型技术
MOXING DAYIN JI CHENGXING JISHU

主 编 梁泽栋 李华雄 胡 亮
策划编辑:周 立

责任编辑:周 立 版式设计:周 立
责任校对:关德强 责任印制:张 策

*

重庆大学出版社出版发行
出版人:饶帮华
社址:重庆市沙坪坝区大学城西路 21 号
邮编:401331
电话:(023) 88617190 88617185(中小学)
传真:(023) 88617186 88617166
网址:http://www.cqup.com.cn
邮箱:fxk@ cqup.com.cn(营销中心)
全国新华书店经销
POD:重庆新生代彩印技术有限公司

*

开本:787mm×1092mm 1/16 印张:18.25 字数:458千
2019 年 9 月第 1 版 2019 年 9 月第 1 次印刷
ISBN 978-7-5689-1768-1 定价:49.00 元

前　言

自 2015 年以来，国务院以及相关部委相继印发了《中国制造 2025》《"十三五"国家战略性新兴产业发展规划》《"十三五"先进制造技术领域科技创新专项规划》等文件，对以 3D 打印、工业机器人为代表的先进制造技术进行了全面部署和推进实施，着力探索培育新模式，着力营造良好的发展环境，为培育经济增长新动能、打造我国制造业竞争新优势、建设制造强国奠定扎实的基础。

佛山市南海区盐步职业技术学校紧跟国家产业导向，顺应产业发展需要，以培养符合时代要求的高素质技能人才为己任，联合佛山市南海区广工大数控装备协同创新研究院，携同广东银纳增材制造技术有限公司，专门成立编委会，以企业实际案例为载体，组织编著了涵盖 3D 打印技术前端、中端、后端全流程以及工业机器人等先进制造技术的五本系列教材。该系列教材由焦玉君同志任编委会主任，华群青、熊薇两位同志任编委会副主任，编委由来自高校、中等职业院校以及企业界的专家学者和业务骨干 47 位成员组成。

本书为系列丛书之三，较详细地从工艺原理、打印材料、工艺特点、设备结构与操作方法、打印前模型处理与数据处理等方面，介绍了目前业界主流的 FDM、SLA、SLS 、SLM 等 3D 打印工艺。并依据"项目化""任务驱动"理念对内容进行合理编排，将理论与实操任务相结合，着重培养学生的职业综合技能，书中内容清晰明了、图文并茂、简单易学。本教材的基本定位是中职、高职机械类以及机电类专业的 3D 打印技术应用教材，亦可作为广大 3D 打印爱好者、3D 打印从业者的自学用书或参考工具书。

本书由佛山市南海区盐步职业技术学校的梁泽栋、佛山职业技术学院李华雄、佛山市南海区广工大数控装备协同创新研究院胡亮担任主编。在编写过程中，广东银纳增材制造技术有限公司、佛山市中峪智能增材制造加速器有限公司、北京天远三维科技股份有限公司、3D Systems 等提供了大量帮助，在此一并表示感谢！

编　者

2019 年 8 月

目　录

项目 *1*

熔融沉积成型工艺与多孔位排插产品打印

某小家电公司想改良一款排插产品,由于还处在测试阶段,需要进行产品性能测试。原打算用传统加工工艺制造出一个产品测试件,但传统工艺做出来的测试件所需要花费的成本比较高且加工难度大,不符合公司目前的形势。经过讨论并综合各方面的因素,该公司决定用 FDM 打印技术制造出样品测试件。但该公司没有这方面的技能知识,也没有相应的打印设备,因此委托学校打印出排插产品的测试件,以完成对该产品各方面的测试。

(1)内容

根据小家电公司提出的要求:首先针对产品模型文件进行诊断,诊断是否符合成型要求;其次根据 FDM 成型特点摆放好模型;最后将 FDM 成型文件导出,上机打印。

(2)要求

①产品模型诊断与修复:模型文件无错误、模型特征符合成型要求;

②模型摆放:摆放角度符合成型特点,可以尽量减少支撑,提高成型成功率;

③模型加支撑:选择合适的支撑类型,减少支撑数量;

④上机打印:按照安全穿戴标准要求进行穿戴,上机打印。

(3)多孔位排插产品数模

图 1.1.1 为多孔位排插产品数模图片。

图 1.1.1　多孔位排插产品数模图片

(4)多孔位排插产品打印成品

图 1.1.2 为多孔位排插产品打印件图片。

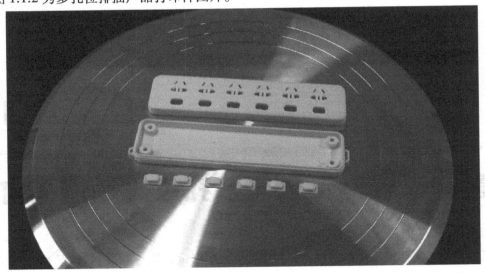

图 1.1.2　打印成品

(5)任务目标

1)能力目标

能够对排插模型进行简单分析；

能够对排插模型进行数据处理；

能够操作 FDM 打印机打印排插模型。

2)知识目标

了解 FDM 成型原理；

了解模型避空设计；

了解设备操作时的注意事项。

3)素质目标

具有严谨求实精神；

具有团队协作能力；

能大胆发言,表达想法,进行演说；

能小组分工合作,配合完成任务；

具备 6S 职业素养。

任务 1.1　熔融沉积成型工艺的历史与发展

1.1.1　熔融沉积成型工艺的历史

FDM 成型原理

1988 年,Scott Crump 发明了一种 3D 打印技术——熔融沉积成型技术(FDM),利用蜡、ABS、PC、尼龙等热塑性材料来制作物体,随后成立了一家名为 Stratasys 的公司。

2005 年,英国巴斯大学的 Adrian Bowyer 发起了开源 3D 打印机项目 RepRap,目标是通过 3D 打印机本身,能够制造出另一台 3D 打印机。

2007 年,Adrian Bowyer 博士在开源 3D 打印机项目 RepRap 中,成功开发出世界首台可自我复制的 3D 打印机,代号达尔文(Darwin)。图 1.1.3 为达尔文的下一代机型——孟德尔。由于是开源的技术,其他人可以任意使用并改造这项技术,随着更多人参与改进,此项技术不断进化,3D 打印机开始进入普通人的生活。全球最大的桌面级 3D 打印机 MakerBot 就是基于此项技术迅猛发展起来的。

图 1.1.3　RepRap 孟德尔机型

2010 年美国 Organovo 公司研制出了全球首台 3D 生物打印机(图 1.1.4)。这种打印机能够使用人体脂肪或骨髓组织制作出新的人体组织,使得 3D 打印人体器官成为可能。

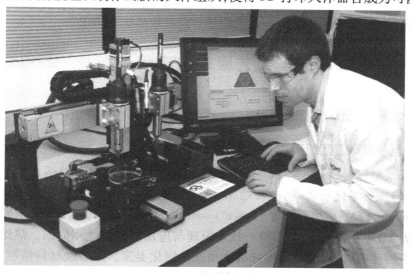

图 1.1.4　生物打印机

1.1.2 熔融沉积成型工艺的发展前景

FDM 工艺是快速成型领域很有特色的工艺方法,与 LOM 和 SLS 工艺可并称三大主流技术。快速成型是虚拟制造技术的有力补充,能够直接架通思想与现实的桥梁。美国在 20 世纪 80 年代末提出"90 年代重点发展武器研制系统方法",该方法强调了阶段的相互关联、阶段信息的双向交流以及反馈,快速成型(Rapid Prototyping,RP)技术是实现这些目标的有力手段。可以预期,FDM 工艺必将在制造业、航空航天业中体现出更高的价值,并得到更迅速的发展。当前 FDM 快速成型技术的发展趋势是将 FDM 快速成型与其他先进的设计与制造技术密切结合起来,共同发展。

FDM 快速成型技术未来的发展趋势主要体现在以下几个方面:

1)材料成型和材料制备

随着科学技术的发展,材料和零件要求具有很高的性能,要求实现材料和零件设计的定量化和数字化,实现材料和零件制备的一体化和集成化。

2)生物制造和生长成型

21 世纪是生物科学的世纪,与工程科学相结合特别是与制造科学相结合,基于对不同层次生命活动的理解,生物技术和生物医学工程学能够为人类创造财富并解决人类的健康问题。

3)计算机外设和网络制造

FDM 快速成型技术是全数字化的制造技术,FDM 快速成型设备的三维成型功能和普通打印机具有共同的特性。

4)FDM 快速成型技术与微纳米制造

目前,常用的微加工技术方法在加工原理上属于通过去除材料而实现"由大到小"的去除成型工艺,难以加工三维异形微结构,并且深宽比的进一步增大受到了限制。而 FDM 快速成型技术根据离散、堆积的降维制造原理,能制造任意复杂形状的结构。

任务 1.2 熔融沉积成型工艺原理及应用

1.2.1 熔融沉积成型工艺原理

(1)熔融沉积成型工艺原理

熔融沉积成型(Fused Deposition Modeling, FDM),是一种将各种热熔性的丝状材料(蜡、ABS 和尼龙等)加热熔化成型的方法,是 3D 打印技术的一种。它又被称为熔丝成型(Fused Filament Modeling,FFM)或熔丝制造(Fused Filament Fabrication,FFF),两个不同名词主要是为了避开前者 FDM 专利问题,然而核心技术原理与应用其实均是相同的。热熔性材料的温度始终稍高于固化温度,而成型的部分温度稍低于固化温度。热熔性材料挤喷出喷嘴后,随即与前一个层面熔结在一起。一个层面沉积完成后,工作台按预定的增量下降一个层的厚度,再继续熔喷沉积,直至完成整个实体零件。

先用 CAD 软件建构出物体的 3D 立体模型图,将物体模型图输入 FDM 装置。FDM 装置的喷嘴就会根据模型图一层一层移动，同时FDM装置的加热头会注入热塑性材料(ABS(丙烯腈-丁二烯-苯乙烯共聚物)树脂、聚碳酸酯、PPSF(聚苯砜)树脂、聚乳酸和聚醚酰亚胺等)。材料被加热到半液体状态后，在电脑的控制下，FDM装置的喷嘴就会沿着模型图的表面移动，将热塑性材料挤压出来，在该层中凝固形成轮廓。FDM装置会使用两种材料来执行打印的工作，分别是用于构成成品的建模材料和用作支架的支撑材料，通过喷嘴垂直升降，材料层层堆积凝固后，就能由下而上形成一个3D打印模型的实体。打印完成的实体，就进入最后的步骤，剥除固定在零件或模型外部的支撑材料或用特殊溶液将其溶解，即可使用该零件了。

(2)系统组成

一迈智能科技MAGIC-HL-L为东莞一迈智能科技有限公司推出的一台FDM快速成型机，该系统主要包括硬件系统、软件系统、供料系统。硬件系统由两部分组成，一部分控制机械运动承载加工，另一部分控制电气运行与温度等。以下以一迈智能科技MAGIC-HL-L为例介绍FDM快速成型系统

1)硬件系统

一迈智能科技MAGIC-HL-L硬件系统包括X、Y、Z三轴运动模块、挤出机挤出模块、成型室、控制器、电源等部分，各部分模块化设计，各单元互相独立。如整机运动精度取决于X、Y、Z三轴运动这一模块的精度。成型件的成型质量，则主要由X、Y、Z三轴运动模块、挤出机挤出模块的运行精度决定。

2)软件系统

软件系统主要为控制整台快速成型机运行的控制器控制系统、切片处理软件。控制器控制系统，通过SD存储卡、RS232、以太网、Wi-Fi等方式获取经过切片软件处理过的成型数据，并根据该数据控制各轴运动、挤出机电机运作，挤出丝材。

切片处理软件，则是通过对STL文件进行离散分层处理，根据每层的截面信息，依照控制系统的控制参数，输出包含控制快速成型机运作的指令文件。

(3)工艺过程

跟其他快速成型工艺一样，FDM快速成型的工艺过程一般分为前处理、原型制作和后处理三部分。

1)前处理

前处理包括CAD三维造型、三维CAD模型的近似处理、确定成型方向、切片分层等。

2)原型制作

①支撑的制作

由于FDM的工艺特点，快速成型系统必须对产品三维CAD模型做支撑处理，否则，在分层制造过程中，当上层截面大于下层截面时，上层截面的多出部分将会出现悬浮(或悬空)，从而使截面部分发生塌陷或者变形，影响零件原型精度，甚至导致产品不能成型。支撑还有一个重要作用就是建立基础层。在工作平台和原型底层之间建立缓冲层，使原型制作完成后便于剥离工作平台。此外，基础支撑还可以给制造过程提供一个基准面。所以FDM造型的关键一步是制作支撑。在设计支撑时，需要考虑影响支撑的因素，包括支撑的强度和稳定性、支撑的加工时间、支撑的可去除性等。

②实体制作

在支撑的基础上进行实体造型,自下而上层层叠加形成三维实体。

3)后处理

FDM 快速成型的后处理,主要是对原型进行表面处理。去除实体的支撑部分,对部分实体表面进行处理,使原型精度、表面粗糙度等达到要求。但是,原型部分复杂和细微结构的支撑很难去除,在处理过程中会出现损坏原型表面的情况,从而影响表面质量,在实际操作中采用水溶性或者溶液可溶解支撑材料,可有效解决该问题。

(4)成型精度控制

在 FDM 工艺成型过程中,影响成型件精度的因素有很多,起主要作用的有以下几个方面:

1)CAD 模型离散化过程中的两重精度损失

三维 CAD 模型转化为 STL 格式文件和分层后的 CLI 格式文件都会带来误差,这种情况与 SLA 成型类似。

2)材料收缩引起的误差

FDM 系统所用材料为热塑性材料,成型过程中材料会发生两次相变过程,一次是由固态丝状受热熔化成熔融状态,另一次是由熔融状态经过喷嘴挤出后冷却成固态。在凝固过程中材料的体积收缩会产生内应力,这个内应力容易导致翘曲变形和脱层现象。

①热收缩:材料因其固有的热膨胀率而产生的体积变化,它是收缩产生的最主要因素。由热收缩引起的收缩量为

$$\Delta L = \delta \left(L + \frac{\Delta}{2} \right) \cdot \Delta t$$

式中 Δ——材料的线膨胀系数,℃;

　　　L——零件沿收缩方向线尺寸,mm;

　　　Δt——温差,℃。

固化收缩(即热收缩)引起制件尺寸误差和翘曲变形:由喷头挤出的是热熔融状的树脂,材料固有的热膨胀引起的体积变化在冷却固化的过程中产生收缩,收缩引起制件的外轮廓向内偏移、内轮廓向外偏移,造成较大的尺寸误差。

②分子取向的收缩:高分子材料固有的水平方向(即填充方向)的收缩率大于高度方向(即堆积方向)的收缩率,使各向尺寸收缩量不均。成型过程中,熔态的树脂分子在填充方向上被拉长,又在随后的冷却过程中产生收缩,而取向作用会使堆积丝在填充方向的收缩率大于与该方向垂直的方向的收缩率。

填充方向上的收缩量可按以下公式矫正为

$$\Delta L_1 = \beta \delta_1 \left(L + \frac{\Delta}{2} \right) \cdot \Delta t$$

堆积方向(即 Z 向)的线膨胀系数 δ_2 一般取 $\delta_2 = 0.76$,堆积方向收缩量为

$$\Delta L_2 = \beta \delta_2 \left(L + \frac{\Delta}{2} \right) \cdot \Delta t$$

式中 β——影响系数,考虑实际零件尺寸的收缩还受零件形状、打网格的方式以及每层成型时间长短等因素单独或交互的制约,经实验估算 β 取 0.3。

　　δ_1——材料水平方向的收缩率。

　　δ_2——材料垂直方向的收缩率。

3）误差控制措施

　　针对严重影响成型件精度的变形情况，可以采取以下两种措施对其进行校正或将其影响降到最低。

　　①针对尺寸收缩引起的误差，可采取在 CAD 造型阶段预先进行尺寸补偿。在填充方向即 XY 方向增加 ΔL_1 的补偿量；在堆积方向（即 Z 向）增加 ΔL_2 的补偿量。

　　②对于制件的翘曲变形，可以采用多种合理的制作方法减少收缩应力。如对截面实心部分进行虚线填充扫描、先 X 方向后 Y 方向交织扫描，这样可以减少扫描线的绝对收缩量，使其收缩应力充分释放、减少变形。对轮廓线采取先填充后扫描的方法，也有利于收缩应力的释放、避免轮廓线的变形、提高表面质量。

　　③为了消除内应力引起的翘曲变形现象，可先在垫层上用材料与造型相同、底面略大的薄层底座，然后在底座上面造型，使变形都在底座上，而实际造型时产生的内应力相互抵消，或者设计合理的支撑结构限制翘曲变形等。

（5）熔融沉积成型工艺前处理流程（图 1.2.1）

图 1.2.1　FDM 前处理工艺流程

1.2.2　熔融沉积成型工艺的材料

　　材料是 3D 打印技术的关键所在，对于 FDM 来说也不例外，FDM 系统的材料主要包括成型材料和支撑材料，成型材料主要为热塑性材料，如图 1.2.2 所示，包括 ABS、PLA、人造橡胶、石蜡等。支撑材料目前主要为水溶性材料。FDM 采用热塑成型的方法，丝材要经受"固态—液态—固态"的转变，对材料的特性、成型温度、成型收缩率等有着特定的要求。线材线径：常规 1.75 mm 和 3 mm。

图 1.2.2　FDM 打印线材

FDM 快速成型系统使用的材料可分为成型材料(图 1.2.3)和支撑材料(图 1.2.4)。

(1)FDM 工艺对成型材料的要求

①材料的黏度低。材料的黏度低,流动性好,阻力就小,有助于材料顺利挤出。

②材料的熔融温度低。熔融温度低可以使材料在较低温度下挤出,有利于提高喷头和整个机械系统的寿命。可以减少材料在挤出前后的温差,减少热应力,从而提高原型的精度。

③黏结性好。FDM 成型是分层制造的,层与层之间是连接最薄弱的地方,如果黏结性过低,会因热应力造成层与层之间开裂。

④材料的收缩率对温度不能太敏感。材料的收缩率如果对温度太敏感会引起零件尺寸超差,甚至翘曲、开裂。

常见成型材料见图 1.2.3。

图 1.2.3　常见成型材料

(2)FDM 工艺对支撑材料的要求

①能承受一定的高温。由于支撑材料与成型材料在支撑面上接触,所以支撑材料必须能够承受成型材料的高温。

②与成型材料不浸润。加工完毕后支撑材料必须去除,所以支撑材料与成型材料的亲和性不能太好,便于后处理。

③具有水溶性或酸溶性。为了便于后处理,支撑材料最好能溶解在某种液体中。由于现在的成型材料一般用 ABS 工程塑料,该材料一般能溶解在有机溶剂中,所以支撑材料最好具有水溶性或酸溶性。

④具有较低的熔融温度。具有较低的熔融温度可以使材料在较低的温度挤出,提高喷头的使用寿命。

⑤流动性好。对支撑材料的成型精度要求不高,为了提高机器的扫描速度,要求支撑材料具有很好的流动性。

水溶支撑材料如图 1.2.4 所示。

图 1.2.4　水溶支撑材料

(3)熔融沉积成型工艺的成型材料

成型材料是利用 FDM 技术实现 3D 打印的载体,对其黏度、熔融温度、黏结性、收缩率等方面均有较高要求,具体如表 1.2.1 所示。

表 1.2.1　FDM 技术对成型材料的要求

性能	具体要求	原　因
黏度	低	材料的黏度低、流动性好,阻力就小,有助于材料顺利挤出。材料的流动性差,需要很大的送丝压力才能挤出,会增加喷头的启停响应时间,从而影响成型精度
熔融温度	低	熔融温度低可以使材料在较低温度下挤出,有利于提高喷头和整个机械系统的寿命。可以减少材料在挤出前后的温差,减少热应力,从而提高原型的精度
黏结性	高	FDM 工艺是基于分层制造的一种工艺,层与层之间往往是零件强度最薄弱的地方,黏结性的好坏决定了零件成型以后的强度。黏结性过低,有时在成型过程中因热应力会造成层与层之间的开裂
收缩率	小	由于喷头内部需要保持一定的压力才能将材料顺利挤出,挤出后材料丝一般会发生一定程度的膨胀。如果材料收缩率对压力比较敏感,会造成喷头挤出的材料丝直径与喷嘴的名义直径相差太大,影响材料的成型精度。FDM 成型材料的收缩率对温度不能太敏感,否则会产生零件翘曲、开裂

根据上述特性,目前市场上主要的 FDM 成型材料包括 ABS、PC、PP、PLA、合成橡胶等,如表 1.2.2 所示。

表 1.2.2 FDM 常用成型材料

名称	成型温度/℃	材料耐热温度/℃	收缩率/%	外观	性能
ABS	200~240	70~110	0.4~0.7	浅象牙色	强度高、韧性好、抗冲击;耐热性适中
PLA	170~230	70~90	0.3	较好的光泽和透明度	可降解,良好的抗拉强度和延展性;耐热性不好
PC	230~320	130 左右	0.5~0.8	多为白色	高强度、耐高温、抗冲击;耐水解稳定性差
蜡丝	120~150	70 左右	0.3 左右	多为白色	无毒害,表面光洁度及质感较好,成型精度较高;耐热性较差
合成橡胶	160~230	70 左右	0.3 左右	柔软	具有高弹性、绝缘性、气密性、耐油、耐高温或低温等性能

(4)熔融沉积成型工艺的支撑材料

支撑材料,顾名思义是在 3D 打印过程中对成型材料起到支撑作用的部分,在打印完成后,支撑材料需要进行剥离,因此也要求其具有一定的性能,目前采用的支撑材料一般为水溶性材料,即在水中能够溶解,方便剥离。具体特性要求如表 1.2.3 所示。

表 1.2.3 FDM 常用支撑材料

性能	具体要求	原因
耐温性	耐高温	由于支撑材料要与成型材料在支撑面上接触,所以支撑材料必须能够承受成型材料的高温,在此温度下不产生分解与融化
与成型材料的亲和性	与成型材料不浸润	支撑材料是加工中采取的辅助手段,在加工完毕后必须去除,所以支撑材料与成型材料的亲和性不应太好
溶解性	具有水溶性或者酸溶性	对于具有很复杂的内腔、孔等原型,为了便于后处理,可通过支撑材料在某种液体里溶解而去支撑。由于现在 FDM 使用的成型材料一般是 ABS 工程塑料,该材料一般可以溶解在有机溶剂中,所以不能使用有机溶剂,目前已开发出水溶性支撑材料
熔融温度	低	具有较低的熔融温度可以使材料在较低的温度挤出,提高喷头的使用寿命
流动性	高	由于支撑材料的成型精度要求不高,为了提高机器的扫描速度,要求支撑材料具有很好的流动性,相对而言,黏性可以差一些

FDM 对支撑材料的具体要求是能够承受一定的高温,与成型材料不浸润,具有水溶性或者酸溶性,具有较低的熔融温度,流动性要好等。

1.2.3 熔融沉积成型工艺的优缺点

熔融沉积成型技术之所以能够得到广泛应用,主要是由于其具有其他快速成型工艺所不

具备的优势,具体表现为以下方面:

①广泛熔融沉积成型技术所应用的材料种类很多,主要有 PLA、ABS、尼龙、石蜡、铸蜡、人造橡胶等熔点较低的材料,以及低熔点金属、陶瓷等丝材,这些可以用来制作金属材料的模型件或 PLA 塑料、尼龙等产品。

②成本相对较低,因为熔融沉积成型技术不使用激光,与其他使用激光器的快速成型技术相比,它的制作成本更低。除此之外,其原材料利用率很高并且几乎不产生任何污染,而且在成型过程中没有化学变化的发生,在很大程度上降低了成型成本。

③后处理过程比较简单,熔融沉积成型技术所采用的支撑结构很容易去除,尤其是模型的变形比较微小,原型制件的支撑结构只需要经过简单的剥离就能直接使用。出现的水溶性支撑材料使支撑结构更易剥离。

此外,熔融沉积成型技术还有以下优点:用石蜡成型的制件,能够快速直接地用于失蜡铸造;能制造任意复杂外形曲面的模型件;可直接制作彩色的模型件。当然,和其他快速成型工艺相比较而言,熔融沉积成型技术在以下方面还存在一定的不足:

①只适用于中小型模型件的制作。

②成型零件的表面条纹比较明显。

③厚度方向的结构强度比较薄弱,因为挤出的丝材是在熔融状态下进行层层堆积,而相邻截面轮廓层之间的黏结力是有限的,所以成型制件在厚度方向上的结构强度较弱。

④成型速度慢、成型效率低。

在成型加工前,由于熔融沉积成型技术需要设计并制作支撑结构,同时在加工的过程中需要对整个轮廓的截面进行扫描和堆积,因此需要较长的成型时间。熔融沉积成型工艺包括前处理、成型加工过程和后处理三个部分:前处理主要包括零件的三维建模、模型切片处理、切片文件的校验与修复、模型摆放位置的确定以及加工参数的确定;成型加工过程是指零件被加工制造的阶段;后处理是指零件加工完成后,为了满足使用工况需求,对其表面和支撑结构进行修复处理的过程。

1.2.4　熔融沉积成型工艺的应用

熔融沉积成型工艺在工业设计、建筑、工程和施工(AEC)、汽车、航空航天、牙科和医疗产业、教育、地理信息系统、土木工程、枪支以及其他领域都有所应用(图 1.2.5 至图 1.2.8)。

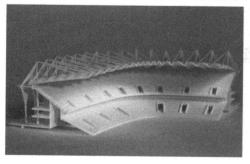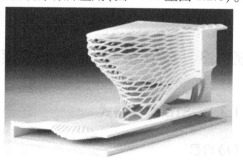

图 1.2.5　建筑设计应用

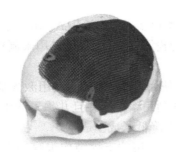

图 1.2.6　医疗行业应用

图 1.2.7　产品原型应用

图 1.2.8　配件、饰品应用

任务 1.3　多孔位排插产品的模型检查与修复

1.3.1　STL 文件格式

(1)背景

STL 文件格式最早是由美国 3D Systems 公司推出,并在快速成型领域得到了广泛应用,成为该领域事实上的接口标准和最常用的数据文件。目前,STL 文件格式已经被广泛应用于各种 CAD 平台之中,很多主流商用 CAD 软件平台都支持 STL 文件的输入、输出。相对于其他数据文件而言,此类文件的主要优势在于数据格式简单和良好的跨平台性,可以输出各种类型的空间表面。因此,STL 文件不只限于应用在快速成型等少数领域,在其他需要进行三维实体模型处理的领域(如数控加工、反求工程、有限元分析及仿真等)都有较好的应用。同时,与其相关的研究也广泛地开展起来。

(2)简介

STL 文件格式是一种用三角面片表达实体表面数据的文件格式。它是若干空间小三角形面片的集合,每个三角形面片用三角形的 3 个顶点和指向模型外部的法向量表示,如图 1.3.1 所示,这种文件格式类似于有限元的网格划分,即将物体表面划分成很多小三角形,用很多个三角形面片去逼近 CAD 实体模型。它所描述的是一种空间封闭的、有界的、正则的、唯一表达物体的模型,它包含点、线、面的几何信息,能够完整表达实体表面信息。

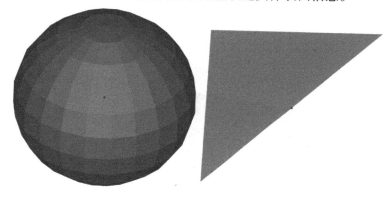

图 1.3.1　三角面片

按照数据存储形式的不同,STL 文件可以分为 Binary 和 ASCII 码两种形式。为了保证 STL 文件的通用性,这两种文件格式均只保存实体名称、三角面片个数、每个三角形的法矢量以及顶点坐标值这四大类信息,而且两种格式之间可以互相转换而不丢失任何信息。Binary 格式文件以二进制形式存储信息,具有文件小(只有 ASCII 码格式文件的 1/5 左右)、读入处理快等特点。ASCII 码格式文件则具有阅读和改动方便,信息表达直观等特点。因此,两者都是目前使用较为广泛的文件格式。

(3)分析损坏的 STL 文件

Magics 软件简介

Magics RP 是比利时 Materialise 公司开发的完全针对 3D 打印工序特征的软件。Magics 为处理 STL 文件提供了理想的、完美的解决方案,具有功能强大、易用、高效等优点,是从事 3D 打印行业必不可少的软件。在 3D 打印行业,Magics 常用于零件摆放、模型修复、添加支撑、切片等环节。

由于 STL 文件结构简单,没有几何拓扑结构的要求,缺少几何拓扑上要求的健壮性,同时也是由于一些三维造型软件在三角形网格算法上的缺陷,以至于不能正确描述模型的表面。据统计,从 CAD 到 STL 转换时会有将近 70%的文件存在各种不同的错误。如果对这些问题不做处理,会影响到后面的分层处理和扫描处理等环节,产生严重的后果。所以,一般都会对 STL 文件进行检测和修复,然后再进行分层和打印。

1.3.2 任务实施——模型的诊断与修复

使用 Magics 打开模型数据文件(图 1.3.2)。

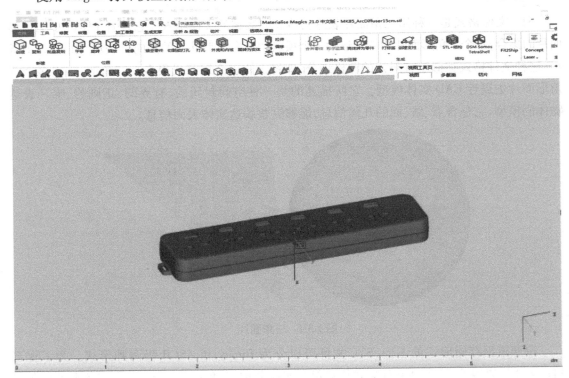

图 1.3.2 使用 Magics 打开模型数据文件

点击修复选项卡,然后点击修复向导命令,使用修复向导中的诊断命令检查模型(图 1.3.3、图 1.3.4)。

图 1.3.3 修复向导命令

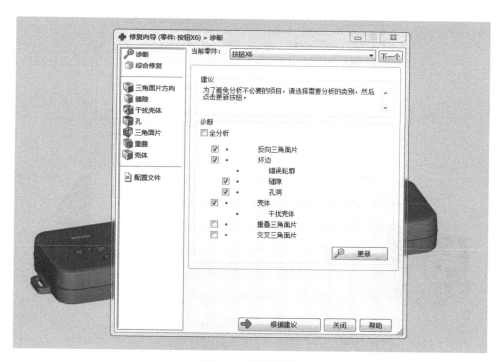

图 1.3.4 诊断命令

点击更新按钮开始诊断(图1.3.5)。

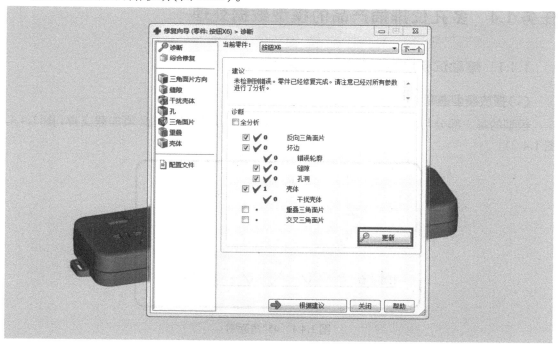

图 1.3.5 诊断结果

如果模型存在错误,可以切换到综合修复选项卡,使用自动修复命令进行简单修复,修复完成后还需再次使用诊断命令确认修复成功(图1.3.6)。

图 1.3.6　自动修复

任务 1.4　多孔位排插产品的模型数据处理

1.4.1　熔融沉积成型工艺模型的摆放要求

（1）摆放模型遵循 45°角原则

模型的每一部分与水平面的夹角尽量大于 45°。若小于 45°，则必须加载支撑（图 1.4.1、图 1.4.2）。

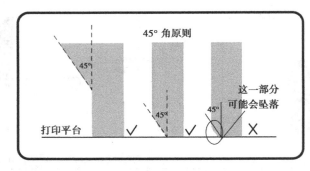

图 1.4.1　45°角原则

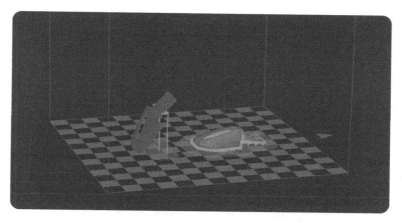

图 1.4.2　加支撑

（2）模型的合理摆放

1）通过"移动"和"旋转"命令摆放模型（图 1.4.3）

图 1.4.3　移动和旋转命令

2）摆放前（图 1.4.4）

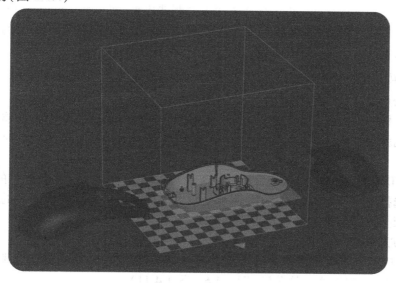

图 1.4.4　摆放前

3)摆放后(图1.4.5)

图1.4.5　摆放后

要点:模型摆放直接影响支撑的加载,故模型应尽可能利用设备网板的尺寸,通过"移动""旋转"合理放置,充分利用空间。

1.4.2　熔融沉积成型工艺模型的模型支撑与填充

(1)支撑选择

在FDM工艺中,支撑主要用于悬空部位的成型支持,保证悬空部位可以依照设计者意图顺利制造出来。在FDM工艺所用的数据处理软件中,支撑相关选项主要是——是否生成支撑,这是因为,部分悬空特征可以不依靠支撑安全制造出来,如与水平夹角在60°以上的特征。而在打印机参数合适、材料性能优良的情况下,约3 mm的完全悬空特征也可通过软件的搭桥选项制造出来。

(2)填充选择

1)填充密度的选择

填充密度即零件内部材料占比,填充密度越大,材料占比越高,零件密度越大,相应零件的力学性能也就更加优良。但是,过大的填充密度会极大地增加零件的制造时间、所用的打印材料。

因此在FDM工艺条件下,选择合适的填充密度非常重要。承受一般载荷的零件如手机支架等可以选择50%以下的填充密度,而承受较大载荷的零件如手持式产品的外壳、承载较大质量的支架类零件推荐75%左右的填充密度。

2)填充方式选择

在FDM工艺下,填充的选择是非常重要的,这里列举几种常见的填充方式:网格、直线、三角形、内六角、立方体、立方体分区(图1.4.6—图1.4.11)。

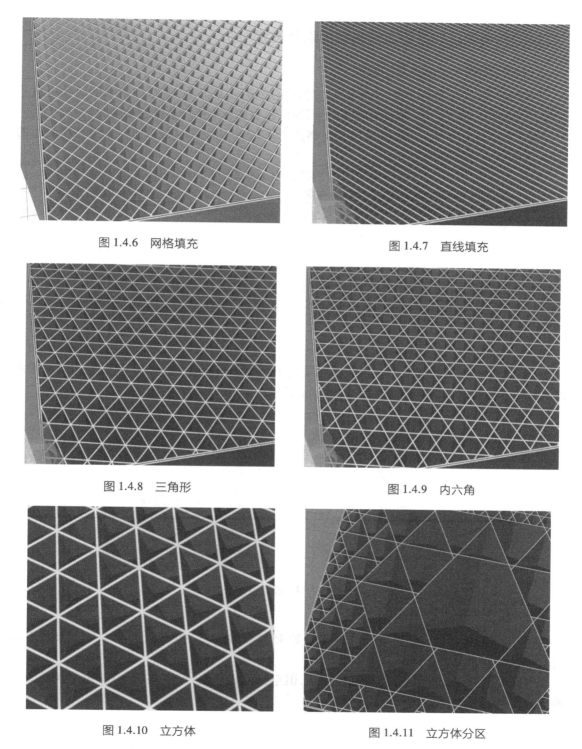

图 1.4.6　网格填充

图 1.4.7　直线填充

图 1.4.8　三角形

图 1.4.9　内六角

图 1.4.10　立方体

图 1.4.11　立方体分区

　　在实际生产中,常用网格填充。因为网格填充各方向应力较为均匀,同时,被填充的实体内部也比较均匀,力学性能较为优良。

1.4.3 熔融沉积成型工艺模型的切片设置

(1)切片层厚对成型效果的影响

层厚是切片时设置的,理论上可以设置为任意趋近于 0 的值,但打印出来的效果可就不一定了。如图 1.4.12 所示,不仅跟喷嘴的半径有关,也和步进机的移动速度有关。

喷头大小及其影响:一般 FDM 机器能够达到 0.2 mm 的层厚比较合理。而要打印更小的层厚,则需要半径更小的挤出头了。

目前主流的 FDM 设备的标准喷头的直径大小是 0.2 mm 和 0.4 mm,如图 1.4.13 所示。

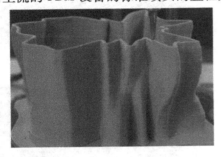

图 1.4.12　3D 打印层厚效果

图 1.4.13　0.2 mm 喷头和 0.4 mm 喷头

不同大小规格的喷头挤出丝径大小总是大于或等于喷嘴直径大小。故根据实际打印的需求制作一些薄壁件的时候应该换上 0.2 mm 的喷头,如图 1.4.14 所示。

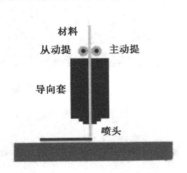

图 1.4.14　喷丝效果

(2)制作路径对成型效果的影响

路径类型有:X 轴 Y 轴(纵横)方向路径和 45°斜边路径三种类型,如图 1.4.15、图 1.4.16 所示。

对比分析:纵横方向打印路径容易实现,但空行程较多,启停误差较大;斜边路径能大大减少空行程,节省时间,成型效果较好。

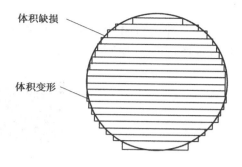

图1.4.15　纵横方向路径

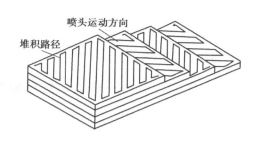

图1.4.16　斜边路径

（3）切片层厚的成型效果

模型表面效果会随层厚不同而改变。模型切片层厚越大,模型表面层接效果越明显;模型切片层厚越小,模型表面效果越光滑。下面针对不同层厚选择打印分析,如图1.4.17所示。

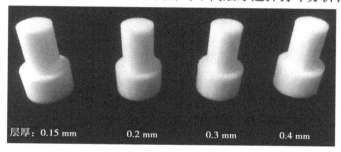

图1.4.17　不同层厚效果

总结分析:

①0.15 mm层厚喷漆和不喷漆分层都明显;

②0.2 mm层厚喷漆分层明显,不喷漆不明显;

③0.3 mm层厚喷漆后分层也不明显了;

④0.4 mm层厚喷漆后分层也不明显了。

（4）最小层厚的选择

①分析对比。

同样的切片厚度,对0.2 mm和0.4 mm喷头打印效果进行对比分析,如图1.4.18、图1.4.19所示。

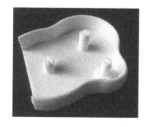

图1.4.18　层厚0.2 mm, 0.2 mm喷头

图1.4.19　层厚0.2 mm, 0.4 mm喷头

分析结果:0.2 mm喷头整体打印效果优于0.4 mm的喷头打印效果。

②选择最小厚度。

3D 打印常用的标准喷头分为 0.2 mm 和 0.4 mm 两种。对于 FDM 设备来说，通常打印厚度为其喷嘴直径的一半。故 0.2 mm 的喷头打印切片应选择 0.1 mm 层厚，0.4 mm 喷头打印切片应选择 0.2 mm 层厚。

1.4.4　任务实施——模型的数据处理

排插模型
数据处理

在切片软件中导入 STL 文件（图 1.4.20）。

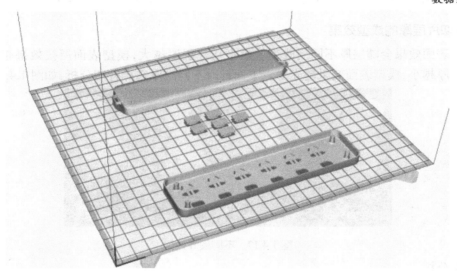

图 1.4.20　导入模型

采用合适的角度摆放好模型（图 1.4.21）。

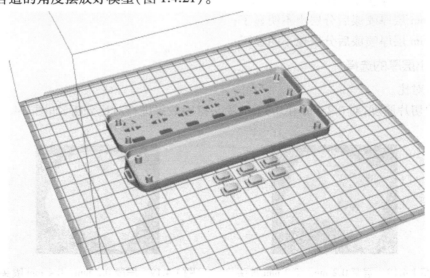

图 1.4.21　摆放模型

选择支撑生成参数(图 1.4.22)。

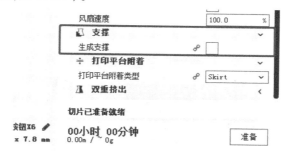

图 1.4.22　支撑生成参数

选择填充密度与填充方式参数(图 1.4.23)。

选择切片参数(图 1.4.24)。

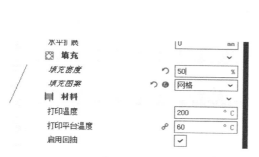

图 1.4.23　填充参数

图 1.4.24　切片参数

确认主要参数无误后,点击"准备"切片。

切片完成,原先的"准备"按钮将变成"保存到文件"按钮,此时点击该按钮(图 1.4.25),将切片好的文件保存至事先准备好的 SD 卡(图 1.4.26)。

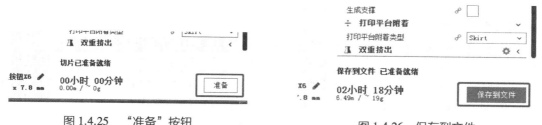

图 1.4.25　"准备"按钮

图 1.4.26　保存到文件

任务 1.5　熔融沉积成型打印机操作与多孔位排插产品打印

1.5.1　熔融沉积成型打印机设备结构

FDM 制造系统包括硬件系统、软件系统,硬件系统主要指 3D 打印机本身,一台利用 FDM 技术的 3D 打印机包括工作平台、送丝装置、加热喷头、储丝设备、恒温箱温控系统和控制设备组成。以下以东莞一迈智能装备有限公司 MAGIC-HL-L 为例介绍 FDM 快速成型系统,如

图 1.5.1所示。

图 1.5.1　一迈智能科技 MAGIC-HL-L

设备的主要参数:

1)成型平台尺寸:310 mm×310 mm×480 mm

2)打印精度:0.15/0.20/0.25/0.30/0.35/0.40 mm

3)打印喷头:可拆卸双喷头

4)喷嘴直径:0.4 mm

5)恒温腔内最高温度:90 ℃

(1)机械系统

MAGIC-HL-L 机械系统包括运动、喷头、成型室、材料室、控制室和电源室等单元。其机械系统采用模块化设计,各个单元互相独立。如运动单元只完成扫描和升降动作,而且整机运动精度只取决于运动单元的精度,与其他单元无关。因此,每个单元可以根据其功能需求,采用不同的设计。运动单元和喷头单元对精度要求较高,其部件的选用及零件的加工都要特别考虑。电源室和控制室加装了屏蔽设施,具有防干扰和抗干扰功能。

基于 PC 总线的运动控制卡能实现直线、圆弧插补和多轴联动。PC 总线的喷头控制卡用于完成喷头的出丝控制,具有超前与滞后动作的补偿功能。喷头控制卡与运动控制卡能够协同工作,通过运动控制卡的协同信号控制喷头的启停和转向。

制造系统配备了三套独立的温度控制器,分别检测与控制成型喷嘴、支撑喷嘴和成型室的温度。为了适应控制系统长时间连续工作的高可靠性要求,整个控制系统采用了多微处理机二级分布式集散控制结构,各个控制单元具有故障诊断和自修复功能,使故障的影响局部化。由于采用了 PC 总线和插板式结构,使系统具有组装灵活、扩展容量大、抗干扰能力强等优点。

该系统关键部件喷头的结构:喷头内的螺杆与送丝机构用可沿 R 方向旋转的同一步进电机驱动,当外部计算机发出指令后,步进电机驱动螺杆,同时,又通过同步齿形带传动与送料辊将料丝送入成型喷头。在喷头中,由于电热棒的作用,丝料呈熔融状态,并在螺杆的推挤下,通过铜质喷嘴涂覆在工作台上。

(2)软件系统

软件系统包括几何建模和信息处理两部分。几何建模单元是由设计人员借助 CAD 软件构造产品的实体模型或者由三维测量仪(CT、MRI 等)获取的数据重构产品的实体模型。最后以 STL 格式输出原型的几何信息。

信息处理单元由 STL 文件处理、工艺处理、数控、图形显示等模块组成,分别完成 STL 文件错误数据检验与修复、层片文件生成、填充线计算、数控代码生成和对成型机的控制。其中,工艺处理模块根据 STL 文件判断成型过程是否需要支撑,如需要则进行支撑结构设计与计算,并以 CLI 格式输出产生分层 CLI 文件。

(3)供料系统

UP2 成型系统要求成型材料为 ϕ1.75 mm 的丝材,并且有较低的凝固收缩率、陡的黏度曲线和一定的强度、硬度、柔韧性。一般的塑料、蜡等热塑性材料经过适当改性后都可以使用。目前已经成功开发了多种颜色的精密铸造蜡丝、ABS 塑料丝等。

(4)设备控制系统界面

设备控制系统菜单结构图如图 1.5.2 所示。

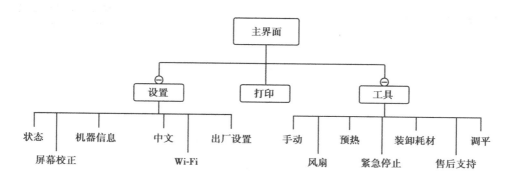

图 1.5.2 菜单结构

机器控制系统各页面说明如图 1.5.3 所示。

当前为主页面。

"系统"按钮的
内部界面。

状态显示页面,主要显示
XYZ 三轴坐标与打印
头、热床温度等。

机器信息显示页面，
主要显示机器名称
及 ID 等信息。

在机器信息显示页面下，如图
所标明的按钮显示"×"为
机器提示音静音状态。

在此页面可以更换
界面语言。

工具选项的内部页面。

手动控制页面，主要控制 *XYZ*
三轴以及送丝机构送丝。

预热页面，用于热床及喷头
预热控制，框内红字为
正在加热。

用于装卸耗材与控制挤出。

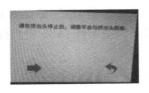

机器工作平台调平。

风扇控制页面，控制整机
风扇的转速。

框内为急停按钮，当有意外情况发生时，可以点击急停按钮解锁电机、停止移动和加热。

图 1.5.3　控制界面说明

1.5.2　熔融沉积成型打印机分类

(1)FDM 机器传动分类

主流的 FDM 3D 打印机按照传动方式主要分为 3 种：
XYZ 型、CoreXY 型和三角型。

1)XYZ 型

XYZ 型 3D 打印机的特点三轴传动互相独立：三个轴
分别由三个步进电机独立控制(有些机器 Z 轴是两个电
机，传动同步作用)，如图 1.5.4 所示。

总体来说，XYZ 型结构清晰简单，独立控制的三轴，使
得机器稳定性、打印精度和打印速度能维持比较高的

图 1.5.4　XYZ 型

性能。

2）CoreXY 型

CoreXY 结构是由 Hbot 结构改进来的。Hbot 结构的主要优点：速度快、没有 X 轴电机一起运动的负担。还有就是可以做得更小巧，打印面积占比更高，如图 1.5.5 所示。

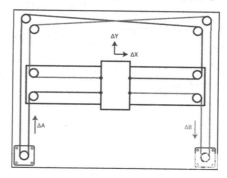

图 1.5.5 CoreXY 传动示意图

两条传送皮带看上去是相交的，其实分别在两个平面上，一条在另外一条上面。而在 X、Y 方向移动的滑架上则安装了两个步进电机，使得滑架的移动更加精确而稳定。

3）三角型

三角型也叫并联臂结构，是一种通过一系列互相连接的平行四边形来控制目标在 X、Y、Z 轴上的运动的机械结构，很多创客在设计自己的 3D 打印机时借鉴了这种三角并联式机械臂的特点，于是就出现了如今我们常见的外形接近三角形柱体的三角式 3D 打印机，玩家们称其为三角型打印机，如图 1.5.6 所示。

采用三角型能设计出打印尺寸更高的 3D 打印机。三轴联动的结构，传动效率更高，速度更快。但是由于三角的坐标换算是采用插值的算法，弧线是用很多条小直线进行插值模拟逼近的，小线段的数量直接影响着打印的效果，造成三角的分辨率不足，打印精度略低。

图 1.5.6 三角型打印机

（2）FDM 机器挤出机分类

FDM 机器挤出机有两种类型：近程挤出机和远程挤出机。

1）近程挤出机

一般挤出机和步进电机安装在喷头上，直接给喷头送料，如图 1.5.7 所示。

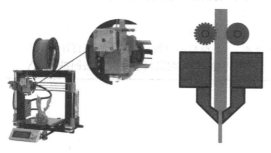

图 1.5.7 FDM 机器近程挤出

近程挤出机优缺点如表 1.5.1 所示。

表 1.5.1　近程挤出机优缺点

名　称	优　点	缺　点
近程挤出机	1.对送料量的控制比远程挤出更精确,回抽更精准 2.对挤出步进电机的力矩要求相对较低 3.换料方便	1.喷嘴热端、挤出机、步进电机、散热风扇等集成在一起,拆装维护不方便 2.喷头较重,尤其是双喷头打印机,运动时惯性大,加速减速相对困难,因此要用较低的打印速度以保证精度 3.较重的喷头对光轴或导轨的压力更大,长时间容易将其压弯,通常表现为喷头在光轴中部时比在两边更低,这样将很难对平台进行调平

2)远程挤出机

一般挤出机和步进电机安装在机器外壳上,通过特氟龙管远程给喷头送料,如图 1.5.8 所示。由于送料距离过远,一旦使用弹性耗材就会导致无法正常输送材质的情况出现,远程挤出方式的 3D 打印机一般都不能支持弹性材质的打印。

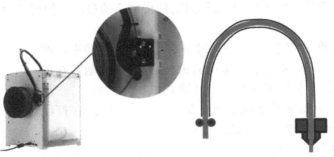

图 1.5.8　远程挤出机

远程挤出机优缺点如表 1.5.2 所示。

表 1.5.2　远程挤出机优缺点

名　称	优　点	缺　点
远程挤出机	1.喷头质量轻,惯性小,移动定位更精准 2.喷头移动速度可达 200～300 mm/s,因此其打印速度也可以非常快 3.喷头和挤出机分离,方便维护	1.送料距离远,阻力较大,要求负责挤出的步进电机有更大的力矩 2.挤出机与喷头需要用特氟龙管和气动接头连接,相对于近程挤出机更容易出现故障 3.耗材和特氟龙管有一定弹性,再加上一般气动接头也有一定活动空间,所以导致需要的回抽距离和速度更大,不如近程挤出机回抽精准 4.挤出机与喷嘴距离较长,因此送料管中的那一段耗材比较难用尽 5.换料不方便,尤其是使用打印过程中不暂停,新料顶老料的换料方法,料头在送料管中时无法回抽

1.5.3　任务实施——多孔位排插产品打印

FDM 设备
操作

打开料舱检查剩余材料（图 1.5.9）。

图 1.5.9　打开料舱

装载料卷,将丝材插入供料导管（图 1.5.10）。

图 1.5.10　丝材插入供料导管

将丝材插入挤出机进料口,插入 SD 卡后打开电源开关（图 1.5.11、图 1.5.12）。

图 1.5.11　插入挤出机

在控制面板中启动预热功能,点击屏幕中央的温度数值,机器开始加热（图 1.5.13、图 1.5.14）。

图 1.5.12　SD 卡

图 1.5.13　预热命令

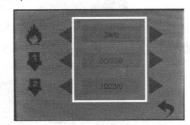

图 1.5.14　开始加热

在控制面板点击装卸材料按钮,进入手动挤出控制界面,点击喷嘴开始挤出(图 1.5.15—图 1.5.17)。

图 1.5.15　装卸材料按钮

图 1.5.16　挤出材料

图 1.5.17　开始挤出材料

当喷嘴挤出丝材粗细均匀时表明材料供应顺畅,此时停止挤出,上料完成(图 1.5.18、图 1.5.19)。

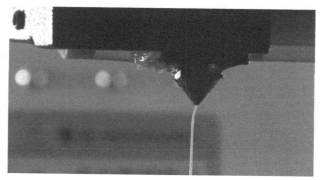

图 1.5.18　挤出顺畅

图 1.5.19　停止挤出

在控制面板中打开调平功能,点击屏幕上的下一点按钮(图 1.5.20、图 1.5.21)。

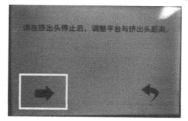

图 1.5.20　调平按钮　　　　　　　　　　图 1.5.21　下一点按钮

在喷头运动停止后根据喷嘴与平台距离调整螺母,调整完成后点击下一步,重复至屏幕提示调平完成(图 1.5.22—图 1.5.24)。

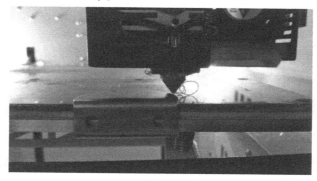

图 1.5.22　调平点位

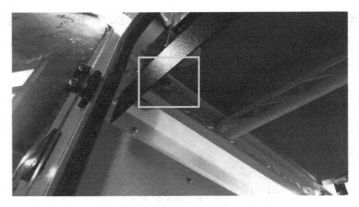

图 1.5.23　调平螺栓

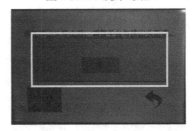

图 1.5.24　调平完成

点击打印,在插入机器的 SD 卡中找到软件操作中导出的 GCODE 文件(图 1.5.25、图 1.5.26)。

图 1.5.25　打印按钮

图 1.5.26　相应的打印文件

然后选择该文件,点击开始打印,此时,控制界面跳到打印信息页,机器开始打印(图 1.5.27、图 1.5.28)。

图 1.5.27　开始打印

图 1.5.28　打印信息页面

打印完成后,机器停止运作,等打印室内温度降下来后打开打印室门(图 1.5.29、图 1.5.30)。

图 1.5.29　打印完成

图 1.5.30　停机

使用铲刀等工具将工件从打印平台上取下（图 1.5.31、图 1.5.32）。

图 1.5.31　未取件

图 1.5.32　使用铲刀取件

任务 1.6　项目小结

1.6.1　小结

FDM 工艺前处理流程如图 1.6.1 所示。

图 1.6.1　FDM 前处理工艺流程

　　本章以对使用 FDM 工艺制造的多孔位排插模型进行后端处理为载体,详细介绍了 FDM 工艺前处理的步骤与相关知识。FDM 工艺前处理主要包含模型诊断修复、摆放、添加支撑、上机打印。FDM 工艺的前处理非常重要,这关系到产品能否正常成型。

1.6.2　项目单卡(活页可撕)

训练一项目计划表

工序	工序内容
1	使用_____软件打开模型。
2	在_____选项卡下打开_____命令。
3	使用该命令进行_____分析。
4	

训练一自评表

评价项目	评价要点	符合程度		备注
模型分析	能够进行壁厚分析	□基本符合	□基本不符合	
	能够检查装配间隙	□基本符合	□基本不符合	
学习目标	掌握 FDM 打印原理	□基本符合	□基本不符合	
	了解 FDM 设备基本结构	□基本符合	□基本不符合	
	了解排插模型分析内容	□基本符合	□基本不符合	
课堂 6S	整理（Seire）	□基本符合	□基本不符合	
	整顿（Seition）	□基本符合	□基本不符合	
	清扫（Seiso）	□基本符合	□基本不符合	
	清洁（Seiketsu）	□基本符合	□基本不符合	
	素养（Shitsuke）	□基本符合	□基本不符合	
	安全（Safety）	□基本符合	□基本不符合	
评价等级	A	B	C	D

训练一小组互评表

序号	小组名称	计划制订（展示效果）			任务实施（作品分享）		评价等级			
		可行	基本可行	不可行	完成	没完成	A	B	C	D
1										
2										
3										
4										

训练一教学老师评价表

小组名称	计划制订 （展示效果）			任务实施 （作品分享）	
	可行	基本可行	不可行	完成	没完成

评价等级:A☐ B☐ C☐ D☐　　　　　　　　　教学老师签名:＿＿＿＿＿＿＿＿＿＿＿

训练二项目计划表

工序	工序内容
1	在_____选项卡下打开_____新建平台,导入模型。
2	在_____选项卡下使用_____、_____、_____将模型摆放好。
3	在_____选项卡下使用_____功能为模型添加支撑。
4	使用软件_____功能切片导出打印文件。

训练二自评表

评价项目	评价要点	符合程度		备注
数据操作	模型无破损情况	□基本符合	□基本不符合	
	模型摆放合理	□基本符合	□基本不符合	
	模型切片导出	□基本符合	□基本不符合	
学习目标	掌握模型摆放技巧	□基本符合	□基本不符合	
	掌握模型添加支撑的技巧	□基本符合	□基本不符合	
课堂 6S	整理（Seire）	□基本符合	□基本不符合	
	整顿（Seition）	□基本符合	□基本不符合	
	清扫（Seiso）	□基本符合	□基本不符合	
	清洁（Seiketsu）	□基本符合	□基本不符合	
	素养（Shitsuke）	□基本符合	□基本不符合	
	安全（Safety）	□基本符合	□基本不符合	
评价等级	A	B	C	D

训练二小组互评表

序号	小组名称	计划制订 （展示效果）			任务实施 （作品分享）		评价等级			
		可行	基本 可行	不可行	完成	没完 成	A	B	C	D
1										
2										
3										
4										

训练二教学老师评价表

小组名称	计划制订 （展示效果）			任务实施 （作品分享）	
	可行	基本可行	不可行	完成	没完成

评价等级：A□ B□ C□ D□　　　　　　　　　　教学老师签名：＿＿＿＿＿＿＿＿＿＿＿

训练三项目计划表

工序	工序内容
1	在打印前机器需要进行_____、_____。
2	复制打印文件到控制计算机进行_____、_____、_____后,开始打印。
3	打印时,需要进行_____。
4	

训练三自评表

评价项目	评价要点	符合程度		备注
打印操作	装载材料	□基本符合	□基本不符合	
	网板调平	□基本符合	□基本不符合	
	开始打印	□基本符合	□基本不符合	
学习目标	设备调试步骤	□基本符合	□基本不符合	
	取件步骤	□基本符合	□基本不符合	
课堂 6S	整理（Seire）	□基本符合	□基本不符合	
	整顿（Seition）	□基本符合	□基本不符合	
	清扫（Seiso）	□基本符合	□基本不符合	
	清洁（Seiketsu）	□基本符合	□基本不符合	
	素养（Shitsuke）	□基本符合	□基本不符合	
	安全（Safety）	□基本符合	□基本不符合	
评价等级	A	B	C	D

训练三小组互评表

序号	小组名称	计划制订（展示效果）			任务实施（作品分享）		评价等级			
		可行	基本可行	不可行	完成	没完成	A	B	C	D
1										
2										
3										
4										

训练三教学老师评价表

小组名称	计划制订 （展示效果）			任务实施 （作品分享）	
	可行	基本可行	不可行	完成	没完成

评价等级：A□ B□ C□ D□   教学老师签名：＿＿＿＿＿＿＿＿＿＿＿＿

1.6.3 拓展训练

(1)填空题

1)使用 FDM 工艺时,产品摆放要求有_____。

2)FDM 工艺的全称是_____。

3)FDM 工艺的材料主要成分有_____、_____、_____、_____。

(2)简答题

1)简述 FDM 前处理工艺流程。

2)FDM 工艺设备的主要组成部分是什么。

3)FDM 工艺打印材料一般有哪些。

4)FDM 工艺的优点有哪些。

(3)实训

根据本项目内容,制订一个多孔位排插产品的前处理流程,并进行多孔位排插产品的前处理。

项目 2

立体光固化成型工艺与花洒产品打印

某家具公司推出了一款花洒卫浴配件,由于还处在测试阶段,需要进行产品性能测试。原打算用传统加工工艺制造出一个产品测试件,但传统工艺做出来的测试件所需要花费的成本比较高且加工难度大,不满足公司目前的形势。经过讨论综合各方面的因素,该公司决定用 3D 打印技术制造出样品测试件。但该公司没有这方面的技能知识,也没有打印出产品所需要的设备,因此委托学校来帮忙打印出花洒产品的测试件,以完成对该产品各方面的测试。

（1）内容

根据家具公司提出的需求:首先是针对产品模型进行诊断和修复;其次是根据 SLA 的成型特点摆放好模型,添加支撑;最后是将处理好的打印文件上机打印。

（2）要求

①产品模型诊断与修复:模型文件无错误、模型特征符合成型要求;

②模型摆放:摆放角度符合成型特点,可以尽量减少支撑,提高成型成功率;

③模型添加支撑:合理支撑数量,提高成功率;

④上机打印:按照安全穿戴标准要求进行穿戴。

（3）数模文件与打印成品(图 2.1.1、图 2.1.2)

图 2.1.1　数模文件

图 2.1.2　打印成品

(4)任务目标

1)能力目标

能够根据模型结构要求选择 SLA 成型工艺；

能够熟练操作 SLA 成型设备。

2)知识目标

了解 SLA 设备成型原理；

学会如何处理模型存在的问题；

了解设备操作时存在的问题和注意事项。

3)素质目标

具有严谨求实精神；

具有团队协作能力；

能大胆发言，表达想法，进行演说；

能小组分工合作，配合完成任务；

具备 6S 职业素养。

任务 2.1　立体光固化成型工艺的历史与发展

SLA 成型
工艺

2.1.1　立体光固化成型工艺的历史

　　1981 年，名古屋市工业研究所的 Hideo Kodama（图 2.1.3）发明了利用光固化聚合物的三维模型增材制造方法。

　　1984 年，Charles Hull 发明了将数字资源打印成三维立体模型的技术，1986 年，Chuck Hull（图 2.1.4）发明了立体光刻工艺，利用紫外线照射将树脂凝固成型，以此来制造物体，并获得了专利。随后他开始成立一家名为 3D Systems 的公司，专注发展 3D 打印技术，1988 年，3D Systems 开始生产第一台 3D 打印机 SLA-250，体型非常庞大。

图 2.1.3　Hideo Kodama

图 2.1.4　Chuck Hull

2.1.2　立体光固化成型工艺的发展前景

　　3D 打印技术在熔模铸造工艺中的应用是快速制造金属件铸造时所需的铸型。结合了 3D 打印与熔模铸造工艺的金属铸件生产,包括 4 个主要步骤,第一个步骤是采用易熔材料, 3D 打印直接制造铸件型模(熔模)(图 2.1.5),这个过程无须使用任何模具,省去了模具制造步骤。第二个步骤是通过 3D 打印的型模来获得金属件铸造用的型壳,在实际生产中,这个步骤包括对进行处理过后的 3D 打印型模进行装配组树(种蜡树)(图 2.1.6),然后将蜡树进行挂浆、挂砂处理,完成制壳工艺。接下来是进行脱蜡、焙烧、去除型模,从而获得型壳。第三个步骤是通过型壳进行金属浇注。第四个步骤是在得到金属铸件之后,通过机械加工技术进行精加工。

图 2.1.5　铸造用 3D 打印模型

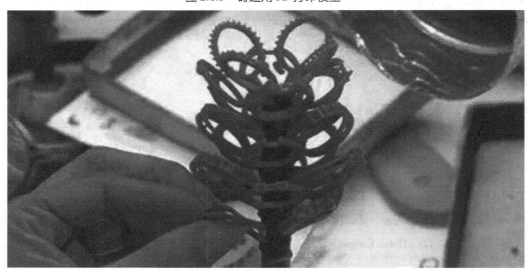

图 2.1.6　铸造用蜡树

任务 2.2　立体光固化成型工艺原理及应用

2.2.1　立体光固化成型工艺原理

（1）SLA 工作原理

光固化成型（Stereo Lithography Appearance，SLA）技术，主要是使用光敏树脂作为原材料，利用液态光敏树脂在紫外激光束照射下会快速固化的特性。光敏树脂一般为液态，它在一定波长的紫外光（250~400 nm）照射下立刻引起聚合反应，完成固化。SLA 通过特定波长与强度的紫外光聚焦到光固化材料表面，使之由点到线、由线到面的顺序凝固，从而完成一个层截面的绘制工作。这样层层叠加，完成一个三维实体的打印工作，如图 2.2.1 所示。

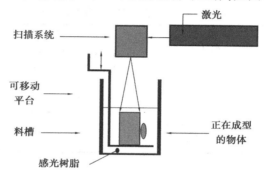

图 2.2.1　SLA 工作原理图

（2）具体成型过程

①在树脂槽中盛满液态光敏树脂，可升降工作台处于液面下一个截面层厚的高度，聚焦后的激光束，在计算机控制下，按照截面轮廓要求，沿液面进行扫描，被扫描的区域树脂固化，从而得到该截面轮廓的树脂薄片。

②升降工作台下降一个层厚距离，液体树脂再次暴露在光线下，再次扫描固化，如此重复，直到整个产品成型。

③升降台升出液体树脂表面，取出工件，进行相关后处理。

2.2.2　立体光固化成型工艺的材料

（1）光固化成型树脂的组成及固化机理

①基于光固化成型技术（SLA）的 3D 打印机耗材一般为液态光敏树脂，比如光敏环氧树脂、光敏乙烯醚、光敏丙烯树脂等。光敏树脂是一类在紫外线照射下借助光敏剂的作用能发生聚合并交联固化的树脂，主要由齐聚物、光引发剂、稀释剂组成。

②齐聚物是光敏树脂的主体，是一种含有不饱和官能团的基料，它的末端有可以聚合的活性基团，一旦有了活性种，就可以继续聚合长大，一经聚合，分子量上升极快，很快就可成为固体。

③光引发剂是激发光敏树脂交联反应的特殊基团，当受到特定波长的光子作用时，会变

成具有高度活性的自由基团,作用于基料的高分子聚合物,使其产生交联反应,由原来的线状聚合物变为网状聚合物,从而呈现为固态。光引发剂的性能决定了光敏树脂的固化程度和固化速度。

④稀释剂是一种功能性单体,结构中含有不饱和双键,如乙烯基、烯丙基等,可以调节齐聚物的黏度,但不容易挥发,且可以参加聚合。稀释剂一般分为单官能度、双官能度和多官能度。

⑤当光敏树脂中的光引发剂被光源(特定波长的紫外光或激光)。

⑥照射吸收能量时,会产生自由基或阳离子,自由基或阳离子使单体和活性齐聚物活化,从而发生交联反应而生成高分子固化物。

(2)光固化成型材料的选择

①目前,常用光固化成型材料的牌号与性能如表2.2.1所示。

表2.2.1 光固化成型材料牌号与性能

牌号 力学性能	中等强度的聚苯乙烯(PS)	耐中等冲击的模注ABS	CiBa-Geigy SL 5190	DSMSLR-800	DuPont SOMOS 6100	Allied Signal Exactomer 5201
抗拉强度/MPa	50.0	40.0	56.0	46.0	54.4	47.6
弹性模量/MPa	3 000	2 200	2 000	961	2 690	1 379

②SLA型快速成型系统也采用一些树脂(见表2.2.2)直接制作模具。这些材料在固化后有较高的硬度、耐磨性和制件精度,其价格较低。

表2.2.2 光敏聚合物牌号与性能

牌号 性能	Cibatool SL 5170	Cibatool SL 5180	HS671	HS672	HS673	HS660	HS661	HS662	HS663	HS666
适用的激光	He-Cd	Ar	Ar	Ar	Ar	He-Cd	He-Cd	He-Cd	He-Cd	He-Cd
抗拉强度/MPa	59~60	55~65	29	48	67	60	41	37	12	6
弹性模量/MPa	2 400~2 500	2 400~2 600	2 746	2 648	3 334	3 236	2 354	2 059	481	69

③此外,SLA型快速成型还采用一些合成橡胶树脂(见表2.2.3)作原材料,其中SCR 310在成型时有较小的翘曲变形。

表 2.2.3　合成橡胶树脂的牌号与性能

牌号	SCR 100	SCR 200	SCR 500	SCR 310	SCR 600
抗拉强度/MPa	31	59	59	39	32
弹性模量/GPa	1.2	1.4	1.6	1.2	1.1

（3）光固化成型树脂需具备的特性

①黏度低,利于成型树脂较快流平,便于快速成型;

②固化收缩小,固化收缩导致零件变形、翘曲、开裂等,影响成型零件的精度,低收缩性树脂有利于成型出高精度零件;

③湿态强度高,较高的湿态强度可以保证后固化过程不产生变形、膨胀及层间剥离;

④溶胀小,湿态成型件在液态树脂中的溶胀造成零件尺寸偏大;

⑤杂质少,固化过程中没有气味,毒性小,有利于操作环境。

（4）SLA 树脂的收缩变形

①树脂在固化过程中都会发生收缩,通常线收缩率约为3%。从高分子化学角度讲,光敏树脂的固化过程是从短的小分子体向长链大分子聚合体转变的过程,其分子结构发生很大变化,因此,固化过程中的收缩是必然的。

②从高分子物理学方面来解释,处于液体状态的小分子之间为范德华作用力距离,而固体态的聚合物,其结构单元之间处于共价键距离,共价键距离远小于范德华力的距离,所以液态预聚物固化变成固态聚合物时,必然会导致零件的体积收缩。

（5）立体光固化成型工艺前处理流程（图 2.2.2）

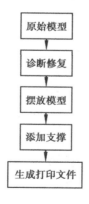

图 2.2.2　SLA 前处理工艺流程

2.2.3　立体光固化成型工艺的应用

SLA 由于具有加工速度快、成型精度高、表面质量好、技术成熟等优点,在概念设计、单件小批量精密铸造、产品模型及模具等方面被广泛应用于航空、汽车、消费品、电器及医疗等领域,如图 2.2.3 所示。

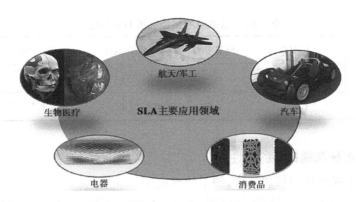

图 2.2.3　SLA 的应用

就目前来看,光固化成型(SLA)技术未来将向高速化、节能环保、微型化方向发展。随着加工精度的不断提高,SLA 将在生物、医药、微电子等方面得到更广泛的应用。

任务 2.3　花洒产品的模型检查与修复

2.3.1　3D 打印模型的检查与修复

(1)STL 模型常见错误

1)法向错误(图 2.3.1)

三角形的顶点次序与三角面片的法向量不满足右手规则。这主要是生成 STL 文件时顶点顺序的混乱导致外法向量计算错误。这种错误不会造成以后的切片和零件制作的失败,但是为了保持三维模型的完整性,我们必须加以修复。

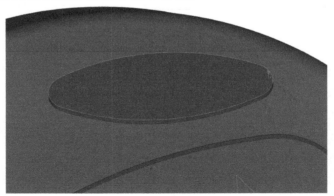

图 2.3.1　三角面片法向错误

在 Magics 软件中,被诊断出法向错误的三角面片显示为红色。修复时反转有问题的三角面片即可,注意标记工具的运用,以提高模型修复的效率。

2)孔洞错误(图 2.3.2)

这主要是由于三角面片的丢失引起的。当 CAD 模型的表面有较大曲率的曲面相交时,在曲面相交部分会出现丢失三角面片而造成孔洞。孔洞在 Magics 中显示为红色,注意和法向错误区分。在 Magics 中,孔洞修复通过添加新的面片以填补缺失的区域。

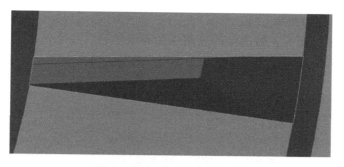

图 2.3.2　三角面片孔洞错误

3）缝隙错误（图 2.3.3）

通常是顶点不重合引起的，在 Magics 上通常以一条黄色的线显示。缝隙和孔洞都可以看成三角面片缺失产生的。但对于裂缝，修复通常是移动点将其合并在一起。

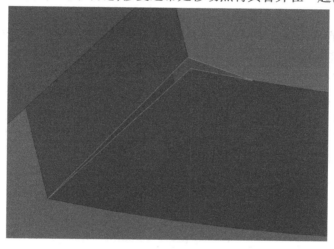

图 2.3.3　三角面片缝隙错误

4）片体重叠错误（图 2.3.4）

重叠错误主要是由三角形顶点计算时舍入误差造成的，由于三角形的顶点是在 3D 空间中以浮点数表示的，如果圆整误差范围较大，就会导致面片的重叠或者分离。

一个完整的面片上若多出一些多余的面片且与完好的面片重叠旋转视图可以看到重叠的效果，这种破损类型为片体重叠。

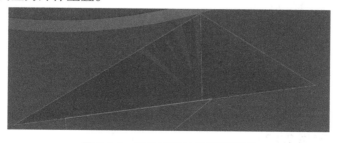

图 2.3.4　三角面片片体重叠错误

片体重叠时可以看到面片颜色交错只需删除多余面片便可修复此类问题。

5) 多余的壳体错误(图 2.3.5)

壳体的定义是一组相互正确连接的三角形的有限集合。一个正确的 STL 模型通常只有一个壳。存在多个壳体通常是由于零件块造型时没有进行布尔运算,结构与结构之间存在分割面引起的。

图 2.3.5　三角面片多余的壳体错误

STL 文件可能存在由非常少的面片组成、表面积和体积为零的干扰壳体。这些壳体没有几何意义,可以直接删除。

6) 轮廓错误(图 2.3.6)

在 STL 格式中,每一个三角面片与周围的三角面片都应该保持良好的连接。如果某个连接处出了问题,这个边界称为错误轮廓,并用黄线表示,一组错误边界构成错误轮廓。错误轮廓在 Magics 上以黄色的线表示。面片法向错误、缝隙、孔洞、重叠都会引发错误的轮廓,对不同位置的错误确定坏边原因,找到合适的修复方法。

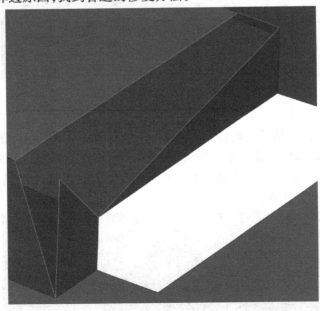

图 2.3.6　三角面片轮廓错误

7) 片体相交错误(图 2.3.7)

片体相交与片体重叠很相似,不同点在于直接删除相交片体无法完全修复成功。

图 2.3.7　三角面片片体相交错误

8）片体错误（图 2.3.8）

模型特征是具有厚度的，若模型的特征没有厚度，只是一个面片这种破损类型称为片体。

图 2.3.8　三角面片片体错误

（2）STL 文件修复技巧

通过 Magics 软件分析缺损数据鼠标下壳如图 2.3.9 所示，具体操作情况如下：

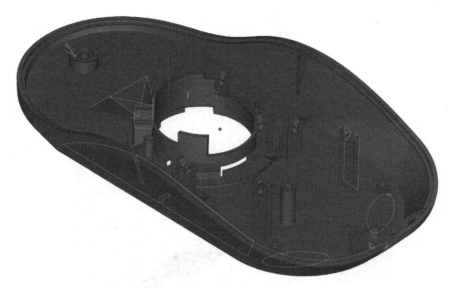

图 2.3.9　破损模型

2.3.2　任务实施——模型的诊断与修复

(1)步骤一：导入简易工件模型

使用导入命令加载模型到 Magics 软件中，如图 2.3.10、图 2.3.11 所示。

图 2.3.10　导入命令

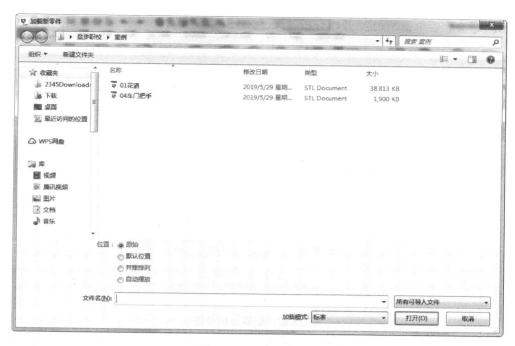

图 2.3.11　文件对话框

(2)步骤二:使用壁厚分析命令分析壁厚

在"分析 & 报告"命令栏中单击"壁厚分析"命令,如图 2.3.12 所示。

图 2.3.12　壁厚分析命令

修改好参数后单击"确定"开始分析壁厚,如图 2.3.13 所示。

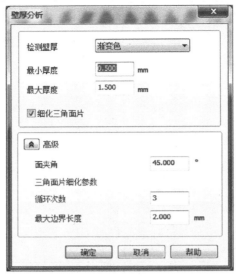

图 2.3.13　壁厚分析参数

分析完毕后就能透过颜色辨别壁厚的大小,如图 2.3.14 所示,确认壁厚大小适合使用 SLA 工艺成型。

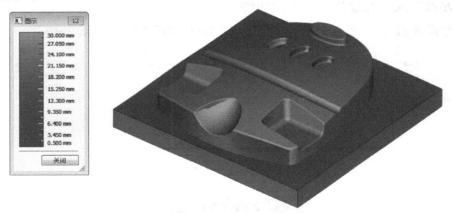

图 2.3.14　简易模具模型分析结果

任务 2.4　花洒产品的模型数据处理

2.4.1　Magics 软件简介

(1)模型数据前处理概述

在利用 3D 打印制作模型前,先必须将用户所需的零件设计出 CAD 模型,再将 CAD 模型转换成 3D 打印机能够识别的数据格式,最终通过控制软件控制设备的加工运行,具体的 3D 打印制作流程如图 2.4.1 所示。模型的设计现在广泛应用在设计领域的三维设计软件,如

UG、SolidWorks、Pro/E、Rhino、3DMaxFreeFrom 等生成。如果已有设计好的油泥模型或现有零件需要仿制,可以通过逆向工程扫描完成 CAD 模型。

3D 打印设备可直接根据用户提供的 STL 文件进行制造。用户可使用能输出 STL 文件的 CAD 设计系统进行 CAD 三维实体造型,其输出的 STL 面片文件可作为 3D 打印设备软件,输入文件数据,处理软件接收 STL 文件后,进行零件制作大小、方向的确定,对 STL 文件分层、支撑设计、生成 Lite 系列光固化成型机的加工数据文件,激光快速成型控制软件根据此文件进行加工制作。

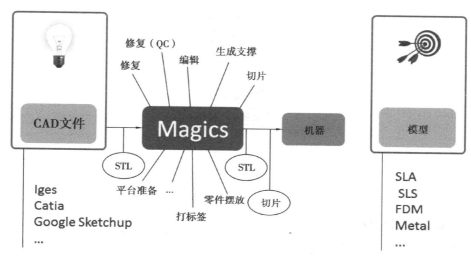

图 2.4.1　3D 打印制作流程

(2)软件概貌及构成

Magics 21.0 数据处理软件界面如图 2.4.2 所示。界面主要包括文件工具栏、视图操作、显示工具栏。软件操作流程如图 2.4.3 所示。

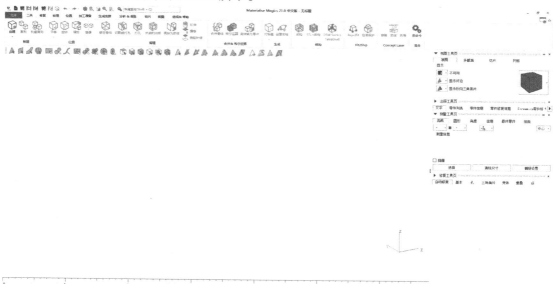

图 2.4.2　Magics 软件界面

从程序的使用功能上主要分为以下模块：

①模型模块：主要包括模型修复、摆放、定向、旋转等。

②支撑模块：主要包括添加支撑、修改支撑等。

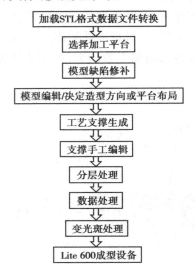

图 2.4.3 软件操作流程

（3）创建机器平台及模型加载

在成型设备上进行模型制作之前，根据 3D 打印工艺要求，需要对 STL 格式的数据文件模型布局、支撑生成和模型分层等处理。Magics 21 软件为了便于用户进行条件设定和管理，进行了有限的封装。创建机器平台，具体操作如下。

①双击 Magics 21 软件，进入软件界面，如图 2.4.4 所示。

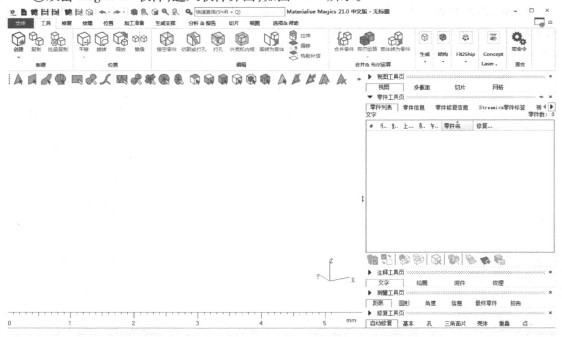

图 2.4.4 启动准备按钮

②单击加工准备命令栏中，再单击机器库，如图 2.4.5 所示。

图 2.4.5　文件加载

③在弹出的命令框中，单击右方的添加机器，如图 2.4.6 所示。

图 2.4.6　机器库

④双击 mm-setings，选择设备型号，如图 2.4.7 所示。

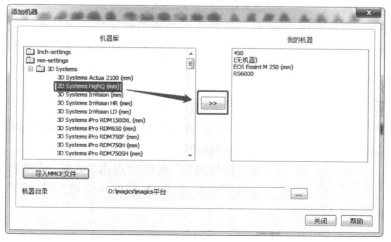

图 2.4.7　添加设备

⑤修改平台参数。

点击机器库对应的设备名称,选择"编辑参数",如图 2.4.8 所示,进入机器属性界面,如图 2.4.9 所示。

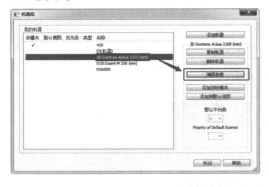

图 2.4.8　编辑机器库

图 2.4.9　机器参数设置

⑥模型加载。

点击打开"STL 文件"或点击"文件"菜单下的"加载"选项,出现如图 2.4.10 所示,加载完成如图 2.4.11 所示。

图 2.4.10　加载零件对话框

图 2.4.11　零件加载成功

(4)模型缺陷修复

模型缺陷原因:因为 CAD 设计人员的操作不当和数据转换为 ST2 格式过程中的数据丢失等原因,导致三角面片数据有可能存在各种缺陷。这时可以采用三维模型修复工具对其进行修复。模型缺陷修复流程如下:

图 2.4.12　修复向导命令

1)启动修复向导

选择模型,点击"修复向导"如图 2.4.12 所示;

2)模型检查

在"修复向导"属性中点击"更新"诊断信息会出现绿色"√",证明修复完成,如果出现红色"×",需进入到诊断错误项进行修复。如图 2.4.13 所示。

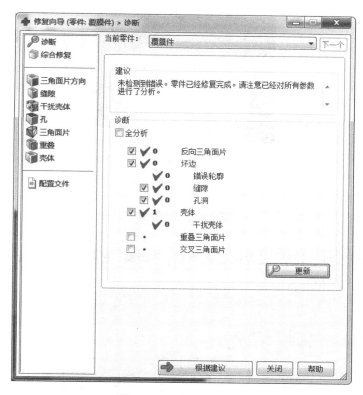

图 2.4.13　修复向导属性

（5）支撑类型

Magics 软件中支撑类型有块、线、点、网状、轮廓、肋状、综合、体积、锥形、树状、混合，共 11 种支撑类型，其中较为常用的为块、线、点支撑。以下是常用支撑特点。

1）块支撑

块支撑是最常用的支撑类型，特点是成型容易，易剥离，支撑痕容易去除，如图 2.4.14 所示。

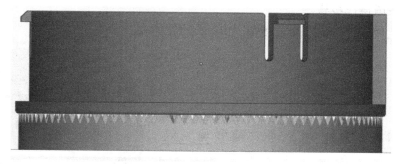

图 2.4.14　块支撑

2）点支撑

点支撑通常用于大平板件上，特点是可以将模型牢牢固定住，但不易剥离，支撑痕较难去除，如图 2.4.15 所示。

77

图 2.4.15　点支撑

3）线支撑

线支撑用于底面特征较窄，或为锐边的模型，易剥离，支撑痕容易去除，不适合面积较大的特征，如图 2.4.16 所示。

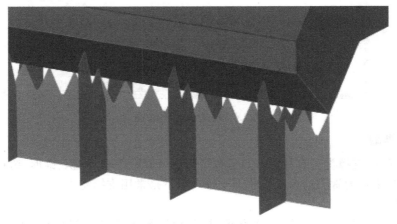

图 2.4.16　线支撑

（6）支撑生成操作步骤

1）点击"生成支撑"命令，生成支撑，如图 2.4.17 所示。

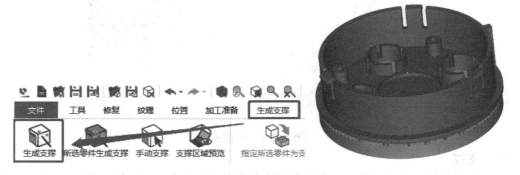

图 2.4.17　模型自动支撑生成效果

2）可在右侧支撑工具命令栏查看支撑参数，如图 2.4.18 所示。

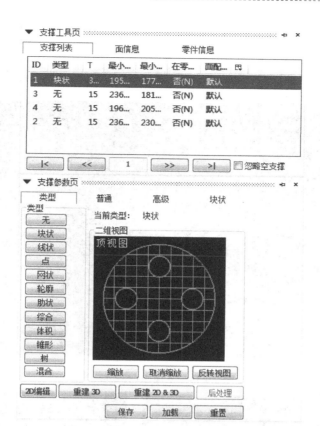

图 2.4.18　支撑工具页面

（7）支撑优化

手动编辑支撑的工艺方法：支撑编辑主要分为删除支撑、裁剪支撑以及编辑支撑等常用功能。

1）删除支撑

工艺支撑自动生成功能根据参数设定自动判断待支撑区域，根据经验，对不需要的支撑形状，单击"删除支撑"或者单击键盘"Delete 键"。

2）裁剪支撑形状

对于某个区域多余的支撑，可以在"支撑参数页"属性里，选择"2D 编辑"。进入支撑 2D 编辑窗口，如图 2.4.19 所示，选取"✕"在视图窗口按下鼠标左键后松开，裁掉选择的支撑区域，如图 2.4.20（a）、（b）所示。

3）添加支撑形状

①在需要额外增加支撑的区域，点击标记命令栏中的标记平面命令，选择要生成支撑的面，如图 2.4.21 所示。

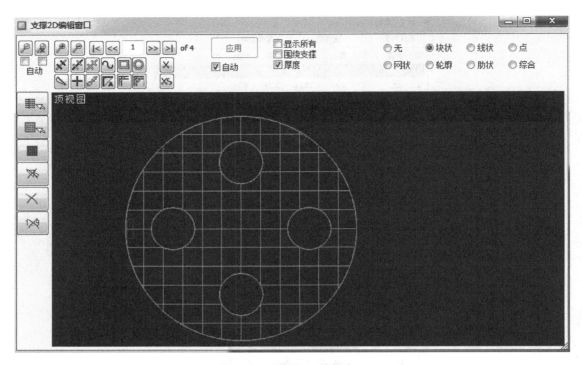

图 2.4.19　支撑 2D 编辑窗口

（a）　　　　　　　　　　　（b）

图 2.4.20　裁剪支撑

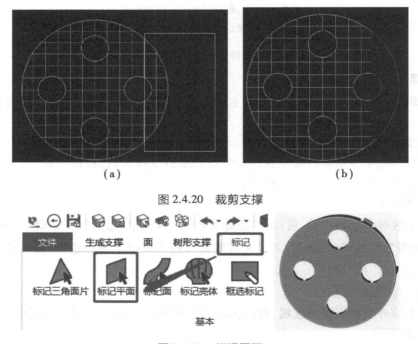

图 2.4.21　标记平面

②在右侧支撑参数页中选择支撑类型为块支撑，如图 2.4.22 所示。

③需要额外加强的区域，按下"加强线"按钮，在视图窗口中，按下鼠标左键选择起点拖动到理想位置后松开，单击右键结束，如图 2.4.23 所示。

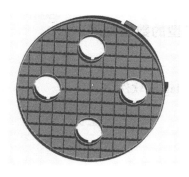

图 2.4.22　标记平面支撑生成

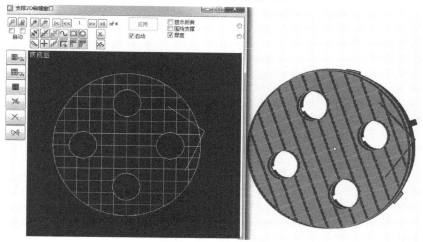

图 2.4.23　添加支撑效果

4) 支撑预览

支撑设置好后,选择退出支撑生成界面按 (←)退出SG;在右侧视图工具页中,调整好参数,步设置 0.1,如图 2.4.24 所示,拖动预览条进行打印预览,如图 2.4.25 所示。

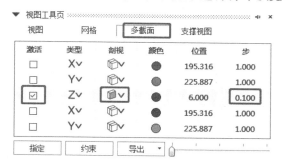

图 2.4.24　设置支撑预览

图 2.4.25　支撑预览效果

(8)数据输出

选择加工准备菜单,点击" 导出平台",选择导出(图 2.4.26),文件对话框如图 2.4.27 所示。

2.4.2 任务实施——模型的数据处理

(1)步骤一：导入模型文件

使用导入命令加载模型到 Magics 软件中。

花洒模型
数据处理

图 2.4.26 导入命令

图 2.4.27 文件对话框

（2）步骤二：使用壁厚分析工具分析模型壁厚

在"分析 & 报告"命令栏里点击"壁厚分析"命令（图 2.4.28）。

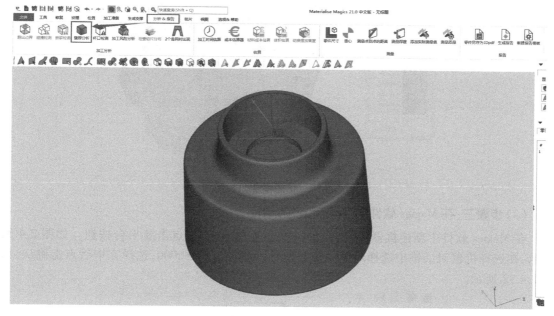

图 2.4.28 壁厚分析命令

修改好参数后点击"确定"开始分析壁厚，如图 2.4.29 所示。

图 2.4.29 壁厚分析参数

分析完毕后就能透过颜色辨别壁厚的大小，如图 2.4.30 所示，确认壁厚大小适合使用 SLA 工艺成型。

图 2.4.30　花洒模型分析结果

(3)步骤三:在 Magics 软件中导入模型

在 Magics 软件中新建机器平台,点击加工准备选项卡,再点击新平台按钮。如图 2.4.31 所示,在选择机器对话框中选择对应的机器型号,这里选择 RS6000,选择完毕后点击确认,如图 2.4.32 所示。

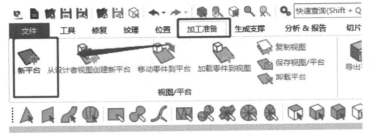

图 2.4.31　新建平台

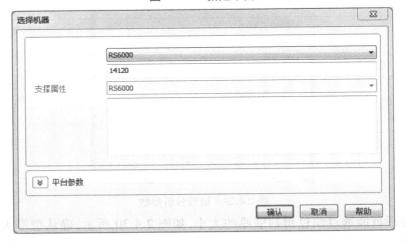

图 2.4.32　选择机器

在"文件"命令栏里点击"加载",在"加载"命令栏里点击"导入模型",选择要导入的模型导入即可,如图 2.4.33、图 2.4.34 所示。

图 2.4.33　导入命令

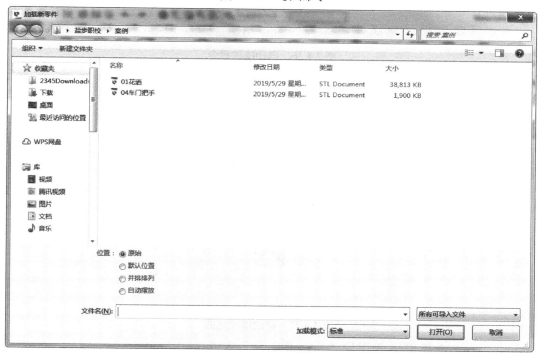

图 2.4.34　文件对话框

(4)步骤四:修复与摆放模型

导入模型后,模型默认位置通常不适合直接使用,如图 2.4.35 所示。首先需根据加工条件进行摆放,自动摆放命令如图 2.4.36 所示,自动摆放效果如图 2.4.37 所示。然后使用,平移如图 2.4.38、图 2.4.39 所示,与旋转命令,如图 2.4.40、图 2.4.41 所示,调整至如图2.4.42所示的位置。

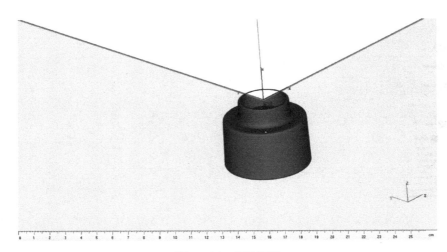

图 2.4.35　初始位置

图 2.4.36　自动摆放命令

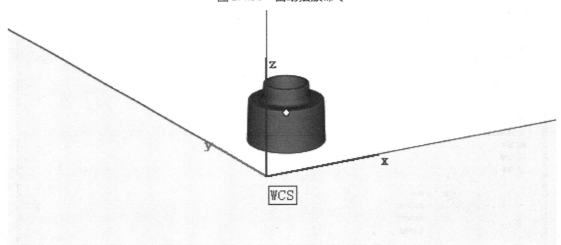

图 2.4.37　自动摆放完成

图 2.4.38　旋转命令

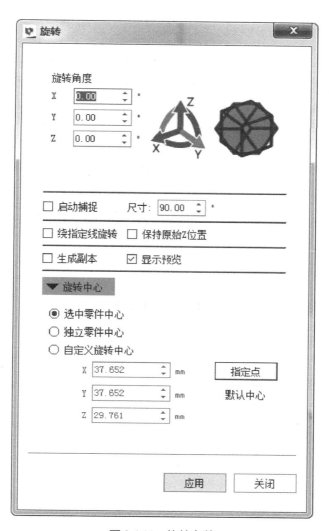

图 2.4.39　旋转参数

图 2.4.40　平移命令

图 2.4.41　平移参数

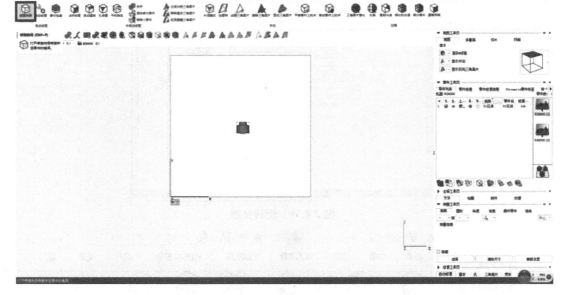

图 2.4.42　摆放完成

位置调整完成后使用修复选项卡下的修复向导命令,进行诊断修复模型,修复向导命令如图 2.4.43 所示,诊断命令如图 2.4.44 所示。

图 2.4.43　修复向导命令

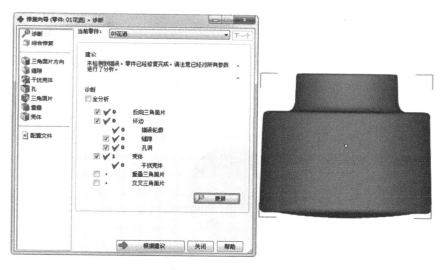

图 2.4.44　诊断命令

（5）步骤五：为模型添加支撑

使用生成支撑选项卡下生成支撑命令，如图 2.4.45 所示，为模型添加支撑。支撑添加效果如图 2.4.46 所示。

图 2.4.45　生成支撑命令

图 2.4.46　生成完成

（6）步骤六：模型切片

在"切片"选项卡中选择"切片所选"，如图 2.4.47，设置好切片参数和切片格式，点击"确定"导出模型，如图 2.4.48 所示。

图 2.4.47　切片命令

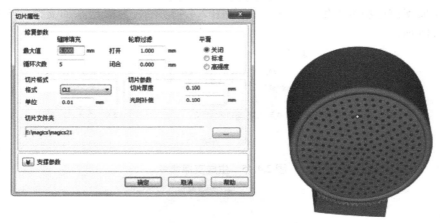

图 2.4.48　切片选项

任务 2.5　立体光固化成型打印机操作与花洒产品打印

2.5.1　立体光固化成型打印机设备结构

(1)SLA 成型系统结构

联泰三维 Lite600 是我国典型的光固化成型机,如图 2.5.1 所示。其技术水平已基本达到国际同类产品的水平,且价格只有进口价格的 1/4~1/3,基本可以替代进口产品。

图 2.5.1　联泰三维 Lite600

（2）SLA 设备结构

SLA 系列三维打印机主要由成型室、操作及显示系统、光学系统、电气控制系统等组成光固化成型系统由液槽、可升降工作台、激光器、扫描系统和计算机数控系统等组成。

1）光路系统

①紫外激光器：快速成型所用的激光器大多是紫外光激光器。一种是传统的如氦镉（He-Cd）激光器，输出功率为 15~50 mV，输出波长为 325 nm，而氩离子（Argon）激光器的输出功率为 100~500 MW，输出波长为 351~365 nm。这两种激光器的输出是连续的，寿命约是2 000 h。另一种是固体激光器，输出功率可达 500 MW 或更高，寿命可达 5 000 h，且更换激光二极管后可继续使用，相对于氦镉激光器而言，更换激光二极管的费用比更换气体激光管的费用要少得多。另外，激光以光斑模式出现，有利于聚焦，但由于固体激光器的输出是脉冲的，为了在高速扫描时不出现短线现象，必须尽量提高脉冲频率。综合来看，固体激光器是发展趋势。一般固体激光器激光束的光斑尺寸是 0.05~3.00 mm，激光位置精度可达 0.008 mm，重复精度可达 0.13 mm。

②激光束扫描装置：数控的激光束扫描装置有两种形式。一种是检流计驱动的扫描振镜方式，最高扫描速度可达 15 m/s，它适合于制造尺寸较小的高精度原型件。另一种是 X-Y 绘图仪方式，激光束在整个扫描过程中与树脂表面垂直，这种方式能获得高精度、大尺寸的样件，如图 2.5.2 所示。

2）树脂容器系统

①树脂容器：盛装液态树脂的容器由不锈钢制成，其尺寸大小取决于光固化成型系统设计的原型或零件的最大尺寸（通常为 20~200 L）。液态树脂是能够被紫外光感光固化的光敏性聚合物。

②升降工作台：带有许多小孔洞的可升降工作台，在步进电机的驱动下能沿高度 Z 方向做往复运动。最小步距小于 0.02 mm，在 225 mm 的工作范围内位置精度达±0.05 mm。

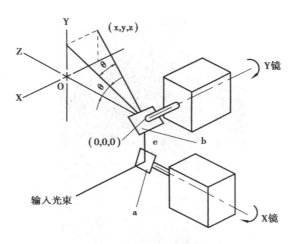

图 2.5.2　振镜扫描系统

3）液位调节系统

①Lite600 采用平衡块填充式液位控制原理如图 2.5.3 所示,由液位传感器、平衡块组成。液位传感器实时检测主槽中树脂液位高度,当 Z 轴上升下降移动时,必然引起主槽中液位变化,而平衡块则根据检测液位值结果控制自动下降或上升,以平衡液位波动,形成动态稳定平衡,从而保持液位的稳定。

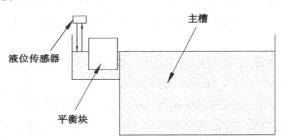

图 2.5.3　液位调节系统

②液位调节的作用是控制液位的稳定,液位稳定的作用:

A.保证激光到液面的距离不变,始终处于焦平面上;

B.保证每一层涂覆的树脂层厚一致。

4）涂敷系统

零件制作过程中,当前层扫描完成后,在扫描下一层之前需要重新涂敷一层树脂。涂敷装置主要功能是在已固化表面上重新涂覆一层树脂,并且辅助液面溜平。

由于光敏树脂材料的黏度较大,流动性较差,使得在每层照射固化之后,液面都很难在短时间内迅速流平。因此大部分 SLA 设备都配有刮刀部件,在每次打印台下降后都通过刮刀进行刮切操作,便可以将树脂均匀地涂覆在下一叠层上。刮板的作用是将突起的树脂刮平,使树脂液面平滑,以保证涂层厚度均匀。采用刮板结构进行涂覆的另一个优点是可以刮除残留体积,如图 2.5.4 所示。

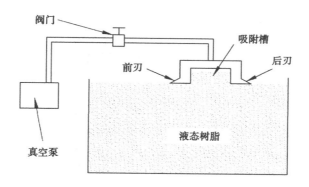

图 2.5.4　涂覆系统

　　光固化快速成型系统的吸附式涂层机构如图 2.5.5 所示。吸附式涂层机构在刮板静止时,液态树脂在表面张力的作用下充满吸附槽。当刮板进行涂刮运动时,吸附槽中的树脂会均匀涂覆到已固化的树脂表面。此外,涂覆机构中的前刃和后刃可以很好地消除树脂表面因为工作台升降等产生的气泡。

图 2.5.5　吸附式涂层结构

　　5)数控系统

　　数控系统主要由数据处理计算机和控制计算机组成。数据处理计算机主要是对 CAD 模型进行面型化处理,输出适合光固化成型的文件(STL 格式文件),然后对模型定向切片。控制计算机主要用于 X-Y 扫描系统、Z 方向工作台上下运动和涂敷装置的控制。

　　6)软件系统

　　SLA 系列激光快速成型机出厂前已安装有 3DRapidise 3D 打印软件。开机后,在桌面上可以看到软件图标,双击可启动软件。

　　每台机器新安装软件后,首次启动软件时需加载证书。

　　①双击 3DRapidise_V1.2.5.exe 程序图标,弹出如图 2.5.6 所示对话框。

　　②将该界面拍照(机器编码需清晰)发给工作人员,以获取相应的证书文件。

　　③将证书文件放到....3DRapidise 1.2.5\data\license 目录,或者点击"加载证书"按钮,选择相应文件加载,此时界面显示"软件已授权"(图 2.5.7),然后点击"保存证书"。

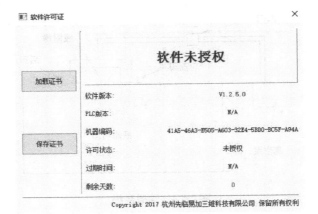

图 2.5.6 软件未授权界面

图 2.5.7 软件已授权界面

④关闭该窗口,重新启动软件即可。

(3)Lite600 设备硬件操作方法

1)控制面板

控制面板如图 2.5.8 所示。

图 2.5.8 控制面板

2）机器上电操作

确认急停开关处于释放状态,转动钥匙开关,启动工控机电源按钮;总电源上电,面板上的电源指示灯亮,计算机自检启动。

3）机器断电操作

按 Windows 关机程序关闭工控机,按下急停开关,机器断电。

4）机器状态指示

机器正常时,状态指示灯恒亮。当机器有故障报警时,指示灯闪烁或者蜂鸣。操作面板状态:如果按键上的相应指示灯灭,表示相应的电源断开,反之表示相应电源开启;某键灭时,按动相应键,则此键亮;某键亮时,按动相应键,则此键灭。面板上的键并无互锁关系。当温度报警时,PLC 关掉加热电源。当任意限位开关动作,PLC 将驱动报警灯黄灯闪烁。

5）Lite600 开机步骤

①按上述方法使机器通电;

②按加热按钮,打开温控器,加热器开始加热;

③按振镜按钮,打开振镜;

④按激光按钮,打开激光电源;

⑤按照明按钮打开光路;

⑥开启激光器;

⑦将激光器面板上的钥匙保险打开,屏幕显示 System Initialization Please wait ;直到屏幕显示

为

```
Advanced Optowave
PRF= xxxx Hz
Is= xxx A        IA=xxx A
QS EXT  SHT  ON  LOC
```
;

⑧依次点亮"DIODE""QS-ON""SHI-ON";

⑨按下"CURRENT"上面的"+"调整到 10.5 A 的额定电流。

注意:激光器打开 1 小时后,激光才稳定,但不影响开始加工。

a.加料操作

判断是否需要加料:

使托板处于零位并低于零位 100 mm 以内,并确认液位控制正常,检测树脂高度是否位于液位检测边框 3~10 mm,若是,则无须加料,否则要加料或去料。

b.加料

托板回零,并移至 5 mm 位置,液位平衡块回零,往主槽中缓缓倒入适量树脂,槽中的树脂低于液位检测边框 3 mm 左右,切勿多加。

c.托板回零

d.激光功率测量方法

打开激光器电源,正常操作打开激光器,打开激光功率检测头的金属盖,打开 RSCON 软件,再点击"功率检测",等待几秒钟后在 RSCON 程序界面自动显示当前激光功率。

e.加工零件操作步骤

在正常开机后,依下列步骤加工:

①启动 RSCON;

②观察情况确认;

③测量并记录激光功率,确认激光功率正常;

④确认是否要加料,如果是,则执行加料操作;

⑤确认树脂温度达到30 ℃,如果没有,则要等待;

⑥确认树脂液位平衡系统运转正常,并且主槽液位低于液位检测边框3 mm左右;

⑦确认托板位置已回零并处于与液面平齐的位置,如果没有,则要在RSCON的控制面板内调整托板位置。注意托板可略高于液面(0.5 mm以内),但一定不能让液面漫过托板;

⑧根据加工层厚和激光功率设置工艺参数。保存参数,使新工艺参数生效;

⑨导入加工文件,进行加工模拟;

⑩开始做件,做件前确保系统初始化或者达到做件准备状态。

6)每隔一定时间(例如15分钟)观察加工过程,若有异常,可随时暂停或退出,排除故障或修改工艺参数后重新开始加工或者继续制作。

7)加工过程注意事项

①不要长时间观看激光光斑;

②不要频繁开启成型室门;

③不要频繁开关成型室照明灯;

④不要磕碰机器。

8)停机取件与后处理

①零件完成后,计算机会给出提示信息。记录屏幕上显示的加工时间;

②点击制作完成,Z轴会上升到之前设定好的高度;

③等待一定的时间,让液态树脂从零件中充分流出;

④用铲刀将零件铲起,小心从成型室取出,放入专用清理盆中。注意防止树脂滴到导轨和衣物上。关闭成型室门;

⑤用工业酒精和毛刷,把零件洗干净;

⑥小心去除支撑,零件放入后固化箱后固化。

9)关机步骤

先退出RSCON,关闭计算机,然后按下急停开关,关闭所有电源。

2.5.2 任务实施——花洒产品打印

(1)步骤一:初始化设备

花洒工件
上机操作

将设备会令后,如图2.5.9所示,再点击左下角"进入准备状态"让设备进入到打印前准备,如图2.5.10所示。

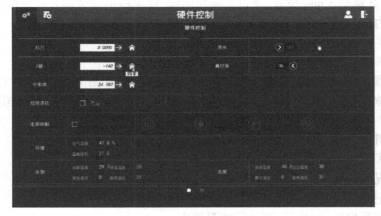

图2.5.9 设备回零

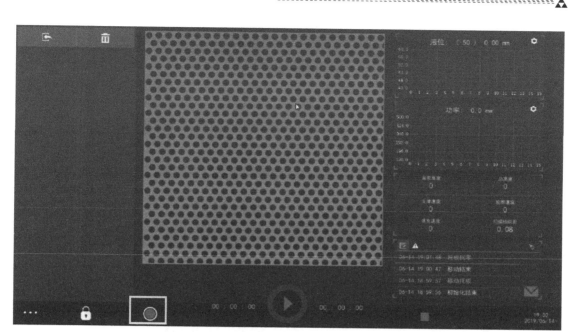

图 2.5.10　设备准备

（2）步骤二：导入数据到制作软件进行模拟

将导出好的数据拷贝到设备电脑上，选择好储存路径。确保文件无问题即可，如图 2.5.11 所示。

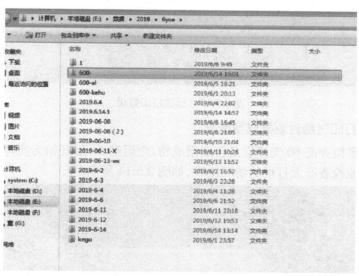

图 2.5.11　复制打印文件到设备电脑

将数据导入到软件中，如图 2.5.12 所示，预览打印效果，检查 60 层之后是否有实体出现，如图 2.5.13 所示。检查完毕预测打印时间，确认后点击"开始"开始打印操作。

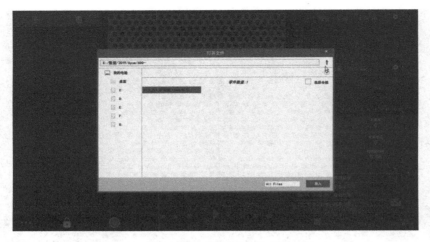

图 2.5.12　数据导入软件

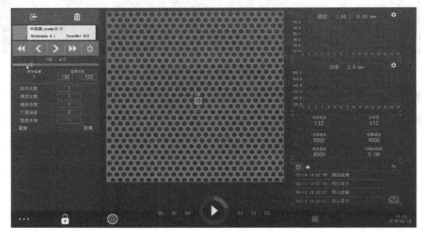

图 2.5.13　预览打印效果

(3)步骤三:打印时随时观察成型情况

打印开始后要检查前 60 支撑层是否成型成功,之后的 61 层开始为实体层。实体层开始打印后也要适当地检查有无打烂的情况出现,如图 2.5.14 所示。

图 2.5.14　观察打印情况

(4)步骤四:从 SLA 设备中取出工件

将网板升高至离开液面,如图 2.5.15 所示。

图 2.5.15　升高网板

使用铲刀小心将工件从网板上剥离,如图 2.5.16、图 2.5.17 所示。

图 2.5.16　用铲刀铲件

图 2.5.17　取下工件

任务 2.6 项目小结

2.6.1 小结

前处理流程如图 2.6.1 所示。

图 2.6.1 SLA 前处理工艺流程

本章以对使用 SLA 工艺制造的花洒模型进行后端处理为载体,详细介绍了 SLA 工艺前处理的步骤与相关知识。SLA 工艺前处理主要包含模型诊断修复、摆放、加支撑、上机打印。SLA 工艺的前处理非常重要,这是关系到产品能否正常成型。

2.6.2 项目单卡(活页可撕)

训练一项目计划表

工序	工序内容
1	使用_____软件打开模型。
2	在_____选项卡下打开_____命令。
3	使用该命令进行_____分析。
4	

训练一自评表

评价项目	评价要点	符合程度		备注
学习工具	Magics21 软件	□基本符合	□基本不符合	
	花洒模型	□基本符合	□基本不符合	
学习目标	在分析壁厚过程中会看壁厚云图	□基本符合	□基本不符合	
	花洒头数据处理完成	□基本符合	□基本不符合	
课堂 6S	整理（Seire）	□基本符合	□基本不符合	
	整顿（Seition）	□基本符合	□基本不符合	
	清扫（Seiso）	□基本符合	□基本不符合	
	清洁（Seiketsu）	□基本符合	□基本不符合	
	素养（Shitsuke）	□基本符合	□基本不符合	
	安全（Safety）	□基本符合	□基本不符合	
评价等级	A	B	C	D

训练一小组互评表

序号	小组名称	计划制订（展示效果）			任务实施（作品分享）		评价等级			
		可行	基本可行	不可行	完成	没完成	A	B	C	D
1										
2										
3										
4										

训练一教师评价表

小组名称	计划制订 （展示效果）			任务实施 （作品分享）	
	可行	基本可行	不可行	完成	没完成

评价等级:A□ B□ C□ D□　　　　　　　　　教学老师签名:＿＿＿＿＿＿＿＿＿＿＿＿

训练二项目计划表

工序	工序内容
1	在_____选项卡下打开_____新建平台,导入模型。
2	在_____选项卡下使用_____、_____、_____将模型摆放好。
3	在_____选项卡下使用_____功能为模型添加支撑。
4	

训练二自评表

评价项目	评价要点	符合程度		备注
学习工具	Magics21 软件	□基本符合	□基本不符合	
	花洒模型	□基本符合	□基本不符合	
学习目标	模型存在的问题修复完毕	□基本符合	□基本不符合	
	模型支撑添加正确	□基本符合	□基本不符合	
	模型设置好参数后切片导出	□基本符合	□基本不符合	
课堂 6S	整理(Seire)	□基本符合	□基本不符合	
	整顿(Seition)	□基本符合	□基本不符合	
	清扫(Seiso)	□基本符合	□基本不符合	
	清洁(Seiketsu)	□基本符合	□基本不符合	
	素养(Shitsuke)	□基本符合	□基本不符合	
	安全(Safety)	□基本符合	□基本不符合	
评价等级	A	B	C	D

训练二小组互评表

序号	小组名称	计划制订（展示效果）			任务实施（作品分享）		评价等级			
		可行	基本可行	不可行	完成	没完成	A	B	C	D
1										
2										
3										
4										

训练二教师评价表

小组名称	计划制订 （展示效果）			任务实施 （作品分享）	
	可行	基本可行	不可行	完成	没完成

评价等级:A□ B□ C□ D□　　　　　　　　　　教学老师签名:＿＿＿＿＿＿＿＿＿＿

训练三项目计划表

工序	工序内容
1	穿戴好防护用品_____、_____。
2	在打印前机器需要进行_____、_____。
3	复制打印文件到控制电脑进行_____、_____、_____后,开始打印。
4	打印时,需要进行_____。

训练三自评表

评价项目	评价要点	符合程度		备注
学习工具	联泰600	基本符合	基本不符合	
	花洒模型	基本符合	基本不符合	
学习目标	设备回零操作	基本符合	基本不符合	
	数据导入检测	基本符合	基本不符合	
课堂6S	整理（Seire）	□基本符合	□基本不符合	
	整顿（Seition）	□基本符合	□基本不符合	
	清扫（Seiso）	□基本符合	□基本不符合	
	清洁（Seiketsu）	□基本符合	□基本不符合	
	素养（Shitsuke）	□基本符合	□基本不符合	
	安全（Safety）	□基本符合	□基本不符合	
评价等级	A	B	C	D

训练三小组互评表

序号	小组名称	计划制订（展示效果）			任务实施（作品分享）		评价等级			
		可行	基本可行	不可行	完成	没完成	A	B	C	D
1										
2										
3										
4										

训练三教师评价表

小组名称	计划制订 （展示效果）			任务实施 （作品分享）	
	可行	基本可行	不可行	完成	没完成

评价等级:A☐ B☐ C☐ D☐　　　　　　　　教学老师签名:_____

2.6.3　拓展训练

（1）填空题

1）使用 SLA 工艺时，产品壁厚_____。

2）SLA 工艺的全称是_____。

3）SLA 工艺常用的支撑类型有_____、_____、_____、_____。

4）SLA 工艺的材料主要成分有_____、_____、_____、_____。

（2）简答题

1）简述 SLA 前处理工艺流程。

2）SLA 工艺设备的主要组成部分是什么。

3）SLA 工艺打印材料一般有哪些。

4）SLA 工艺的优点有哪些。

（3）实训

根据本项目内容，制订一个花洒产品的前处理流程，并进行花洒产品的前处理。

项目 3

选择性激光烧结成型工艺与扳手产品打印

某五金厂想改良一款扳手产品,使扳手既轻便又可以满足基本的力学性能,于是决定用尼龙材料来制作,由于还处在测试阶段,需要进行产品性能测试。原打算用传统加工工艺制造出一个产品测试件,但传统工艺做出来的测试件所需要花费的成本比较高且加工难度大,不符合公司目前的形势。经过讨论并综合各方面的因素,该公司决定用 3D 打印技术制造出样品测试件。但该公司没有这方面的技能知识,也没有相应的打印设备,因此委托学校来帮忙打印出扳手产品的测试件,以完成对该产品各方面的测试。

(1)内容

根据五金厂提出的要求:首先针对产品模型文件进行诊断,诊断是否符合成型要求;其次根据 SLS 成型特点摆放好模型;最后将 SLS 成型文件导出,上机打印。

(2)要求

①产品模型诊断与修复:模型文件无错误、模型特征符合成型要求;

②模型摆放:摆放角度符合成型特点,可以尽量减少支撑,提高成型成功率;

③上机打印:按照安全穿戴标准要求进行穿戴,上机打印。

(3)数模文件与打印成品

数模文件与打印成品如图 3.1.1、图 3.1.2 所示。

图 3.1.1 数模文件

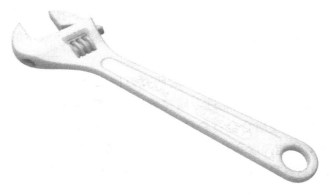

图 3.1.2　打印成品

（4）任务目标

1）能力目标

能够对扳手模型进行简单分析；

能够对扳手模型进行数据处理；

能够操作 SLS 打印机打印扳手模型。

2）知识目标

了解 SLS 成型原理；

了解模型避空设计；

了解设备操作时的注意事项。

3）素质目标

具有严谨求实精神；

具有团队协作能力；

能大胆发言，表达想法，进行演说；

能小组分工合作，配合完成任务；

具备 6S 职业素养。

SLS 成型原理

任务 3.1　选择性激光烧结成型工艺历史与发展

3.1.1　选择性激光烧结成型工艺的历史

1989 年，C.R. Dechard 博士发明了选择性激光烧结技术（Selected Laser Sintering，SLS），利用激光将尼龙、蜡、ABS、金属和陶瓷等材料粉烤结，直至成型。

3.1.2　选择性激光烧结成型工艺的发展前景

SLS 工艺自发明以来，十几年的时间里，在各个行业得到了快速的发展，其主要是用于快速制造模型，利用制造出来的模型进行测试，以提高产品的性能，同时，SLS 技术还可用于制作比较复杂的零件。虽然，SLS 技术得到了一些行业的广泛应用，但在未来发展中，SLS 技术还应该加强成型工艺和设备的开发与改进,寻找更有利于 SLS 技术的新材料、研究 SLS 技术制造模型的新手段以及 SLS 技术的后处理工艺的优化。随着 SLS 技术的发展,新的工艺以及材料的发现会对未来的制造业产生巨大的推动作用。

展望未来,SLS 技术在金属材料领域中的研究方向应该是单元体系金属零件的烧结成型、多元合金材料零件的烧结成型、先进金属材料如金属纳米材料和非晶态金属合金等的激光烧结成型等,尤其适合于硬质合金材料微型元件的成型。此外,根据零件的具体功能及经济要求来烧结成型具有功能梯度和结构梯度的零件。随着人们对激光烧结金属粉末成型机理的掌握,对各种金属材料最佳烧结参数的获得,以及专用的快速成型材料的出现,SLS 技术的研究和应用必将进入一个新的境界。

任务 3.2　选择性激光烧结成型工艺原理

3.2.1　选择性激光烧结成型工艺原理

选择性激光烧结(SLS)是增材制造的一种,主要是利用粉末材料在激光照射下高温烧结的基本原理,通过计算机控制光源定位装置实现精确定位,然后逐层烧结堆积成型。

SLS 的工作过程与 3DP 相似,都是基于粉末床进行的,区别在于 3DP 是通过喷射黏结剂来黏结粉末,而 SLS 是利用红外激光烧结粉末:先用铺粉滚轴铺一层粉末材料,通过打印设备里的恒温设施将其加热至恰好低于该粉末烧结点的某一温度,接着激光束在粉层上照射,使被照射的粉末温度升至熔化点之上,进行烧结并与下面已制作成型的部分实现黏结。当一个层面完成烧结之后,打印平台下降一个层厚的高度,铺粉系统为打印平台铺上新的粉末材料,然后控制激光束再次照射进行烧结,如此循环往复,层层叠加,直至完成整个三维物体的打印工作,如图 3.2.1 所示。

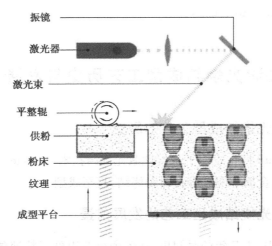

图 3.2.1　SLS 工作原理图

3.2.2　选择性激光烧结成型工艺前处理流程

前处理流程如图 3.2.2 所示。

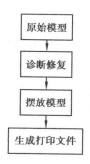

图 3.2.2　SLS 前处理工艺流程

3.2.3　选择性激光烧结成型工艺主要优点

1) 可采用多种材料。从原理上来说,这种方法可采用加热时黏度降低的任何粉末材料,通过材料或者各类含黏结剂的涂层颗粒制造出任何造型,适应不同的需要。

2) 制造工艺比较简单。由于可用多种材料,选择性激光烧结工艺按采用的原料不同,可以直接生产复杂形状的原型、型腔模三维构件或部件及工具。

3) 高精度。依赖于使用的材料种类和粒径、产品的几何形状和复杂程度,该工艺一般能达到工件整体范围内 $\pm(0.05 \sim 2.5)$ mm 的公差。当粉末粒径为 0.1 mm 以下时,成型后的原型精度可达 $\pm1\%$。

4) 无须支撑结构。和 LOM 工艺一样,SLS 工艺也无须设计支撑结构,叠层过程中出现的悬空层面可直接由未烧结的粉末来实现支撑。

5) 材料利用率高。由于该工艺过程不需要支撑结构,也不像 LOM 工艺那样出现许多废料,也不需要制作基底支撑,所以该工艺方法在常见的几种快速成型工艺中,材料利用率是最高的,可以认为是 100%。SLS 工艺中使用的多数粉末的价格较便宜,所以 SLS 模型的成本相比较来看也是较低的。

6) 生产周期短。从 CAD 设计到零件的加工完成只需几小时到几十小时,整个生产过程数字化,可随时修正、随时制造。这一特点使其特别适合于新产品的开发。

7) 与传统工艺方法相结合,可实现快速铸造、快速模具制造、小批量零件输出等功能,为传统制造方法注入新的活力。

8) 应用面广。由于成型材料的多样化,使得 SLS 工艺适合于多种应用领域,如原型设计验证、模具母模、精铸熔模、铸造型壳和型芯等。

(1)选择性激光烧结成型工艺缺点

1) 有激光损耗,并需要专门实验室环境,使用及维护费用高昂。

2) 需要预热和冷却,后处理麻烦。

3) 快速成型表面粗糙多孔,并受粉末颗粒大小及激光光斑的限制。

4）表面粗糙。由于 SLS 工艺的原料是粉末状的,原型的建造是由材料粉层经加热熔化而实现逐层黏结的,因此,严格来说,原型的表面是粉粒状的,因而表面质量不高。

5）SLS 工艺中的粉末黏结是需要激光能源使其加热而达到熔化状态,烧结过程中挥发异味。

（2）选择性激光烧结成型工艺（SLS）与立体光固化成型工艺（SLA）区别

1）SLA 材料是液态光敏树脂,打印需要支撑,材料单一。

2）手板成型件精度。SLA 能制作更精细的工件。

3）SLS 成型件的表面比较疏松、粗糙,而 SLA 成型件的表面比较光滑。

4）成型件的机械加工性能。SLS 所用的热塑性材料比较好加工,能方便地进行铣、钻和攻丝,而加工 SLA 成型件时需小心处理,以防工件碎裂。

3.2.4 选择性激光烧结成型工艺设备系统结构

Spro60HD 设备是 3D Systems 打印设备,目前世界上最大型的多材料 3D 打印机如图 3.2.3 所示,配备从全比例原型到精密小型零件的全封装托盘。通过真正的全彩色功能,纹理映射和色彩渐变,为 3D 打印原型,其外观、感觉和操作类似于多种材料和颜色的成品,而不会牺牲复杂性时间。通过生动逼真的样本更好地传达设计,并节省手动后处理延迟和成本。

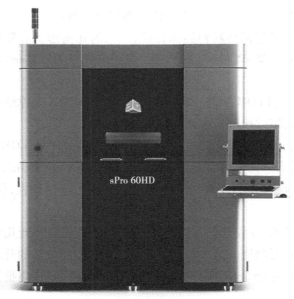

图 3.2.3　Spro60HD

（1）主要性能指标如下

1）构建尺寸:381 mm×330 mm×460 mm

2）层厚:0.08~0.15 mm

3）体积构建速度:1.8 L/h

4）扫描速度:6 m/s 和 12 m/s

5）激光功率/类型：70 W/CO_2

（2）Spro60HD **硬件结构**

选择性激光烧结快速成型系统一般由主机、控制系统和冷却器三部分组成。

1）设备正面（图3.2.4）

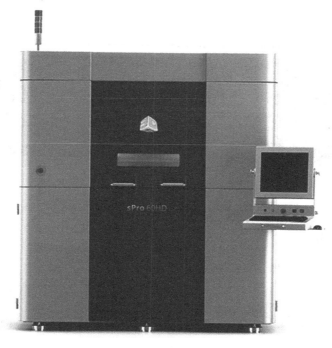

图3.2.4 设备正面

2）设备背面（图3.2.5）

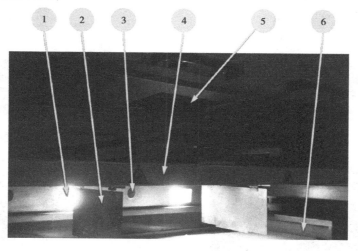

图3.2.5 设备背面

①照明灯；②隔热挡板；③测温孔；④加热模块；
⑤激光透镜；⑥滚棍

3）打印模块（图 3.2.6）

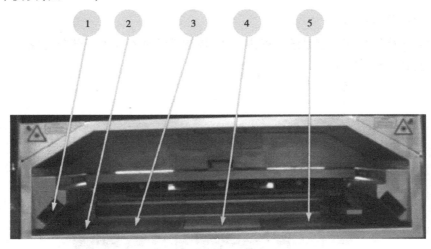

图 3.2.6　打印模块
①气体过滤网；②溢粉槽；③料舱；④成型基板

3.2.5　附属设备

附属设备如图 3.2.7—图 3.2.12 所示。

图 3.2.7　吸尘臂

图 3.2.8　混粉机

图 3.2.9　筛粉机

图 3.2.10　吸尘器

132

图 3.2.11　制氮机

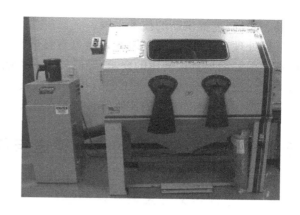

图 3.2.12　喷砂机

3.2.6　选择性激光烧结成型工艺的精度

影响 SLS 成型精度的因素很多,例如 SLS 设备精度误差、CAD 模型切片误差、扫描方式、粉末颗粒、环境温度、激光功率、扫描速度、扫描间距、单层层厚等。烧结工艺参数对精度和强度的影响是很大的。激光和烧结工艺参数,如激光功率、扫描速度和方向及间距、烧结温度、烧结时间以及层厚度等对层与层之间的黏结、烧结体的收缩变形、翘曲变形甚至开裂都会产生影响。

1)激光功率

随着激光功率的增加,尺寸误差正方向增大,并且厚度方向的增大趋势要比宽度方向的尺寸误差大。

2)扫描速度

当扫描速度增大时,尺寸误差向负向误差方向减小,强度减小。

3)烧结间距

随着扫描间距的增大,尺寸误差向负差方向减小。

4)单层厚度

随着单层厚度的增加,强度减小,尺寸误差向复查方向减小。

此外,预热是 SLS 工艺中的一个重要环节,没有预热或者预热温度不均匀,将会使成型时间增加、所成型零件的性能低和质量差、零件精度差或使烧结过程完全不能进行。对粉末材料进行预热,可减小因烧结成型时受热在工件内部产生的热应力,防止其产生翘曲和变形,提高成型精度。

选择性激光烧结是增材制造的一种,主要是利用粉末材料在激光照射下高温烧结的基本原理,通过计算机控制光源定位装置实现精确定位,然后逐层烧结堆积成型。

近十几年来 SLS 技术得到了飞速发展,获得了良好的应用效果,但作为一项新兴制造技术,尚处于一个不断发展、不断完善的过程之中。目前,SLS 技术还有很大的发展空间。

成型工艺和设备的开发与改进,以提高成型件的表面质量、尺寸精度和机械性能。

新材料成型机理、成型性的研究与开发,为 SLS 提供具有良好综合性能的烧结粉末材料及形成快速成型材料的商品化。

探索 SLS 技术与传统加工、特种加工等技术相结合的多种加工手段的综合工艺,为快速模具、工具制造提供新的技术手段。

后处理工艺的优化：利用 SLS 虽可直接成型金属零件，但成型件的机械性能和热学性能还不能很好满足直接使用的要求，经后处理后可明显得到改善，但对尺寸精度有所影响，这就需要优化设计现有的后处理工艺以提高综合质量。随着 SLS 技术的发展，新工艺、新材料的不断出现，势必会对未来的实际零件制造产生重大影响，对制造业产生巨大的推动作用。

任务 3.3　扳手产品的模型检查与修复

3.3.1　模型文件常见错误的修复

1）法向错误

①启动软件

启动 Magics 软件，导入鼠标下壳数据，按 F5 或者 F6 标记目标面片，Magics 标记命令如图 3.3.1 所示。

图 3.3.1　Magics 标记命令栏

②修复

在修复工具页中，点击基本→反转标记如图 3.3.2 所示。

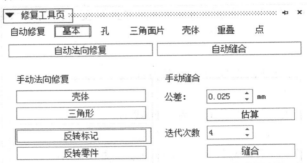

图 3.3.2　Magics 反转标记

修复效果如图 3.3.3 所示。

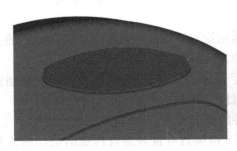
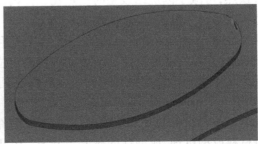

图 3.3.3　法向错误修复完成

2) 孔洞

①在修复工具页中,点击孔→补洞模式,如图 3.3.4 所示。

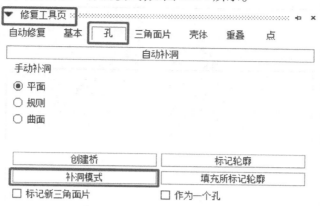

图 3.3.4　启动补洞模式

②点击需要修补的孔洞,效果如图 3.3.5 所示。

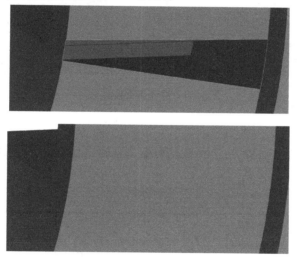

图 3.3.5　孔洞修复完成

3) 缝隙

①点击左上方的"修复"工具栏,选择"移动零件上的点"。

②选择缝隙上的点,将其直接拖动至目标点,如图 3.3.6 所示。

图 3.3.6　启动"移动零件上的点"命令

③缝隙修补的效果如图 3.3.7 所示。

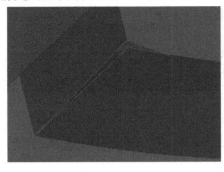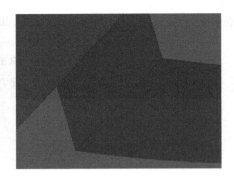

图 3.3.7　缝隙修复完成

4）片体重叠

①按 F5 或者 F6 标记重叠的三角面片。

②按键盘上的 Delete 键,删除面片,如图 3.3.8 所示。

图 3.3.8　片体重叠修复完成

5）多余的壳体

修复:

①按 Ctrl+F 打开修复向导,点击壳体→更新→选择目标壳体 →删除选择壳体,如图 3.3.9 所示。

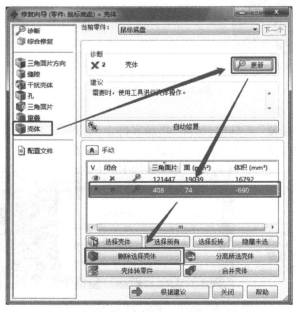

图 3.3.9　修复向导

②多余的壳体删除的效果如图 3.3.10 所示。

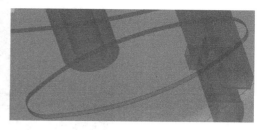

图 3.3.10　修复完成

6）错误轮廓

①先分析模型设计时原本的形状，如图 3.3.11 所示。

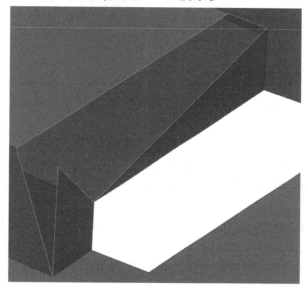

图 3.3.11　错误轮廓

②通过添加三角面片复原模型特征，如图 3.3.12 所示。

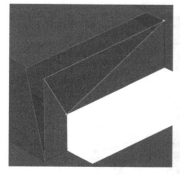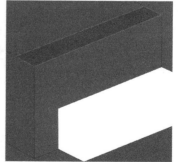

图 3.3.12　错误轮廓修复过程

③复原模型特征效果，如图 3.3.13 所示。

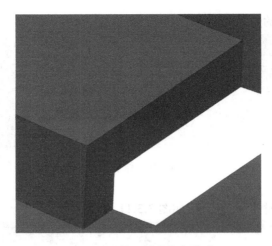

图 3.3.13　错误轮廓修复完成

3.3.2　其他模型修复软件

目前主流的模型数据修复软件处理 Magics，还有 Autodesk Meshmixer、Netfabb、MeshLab 等修复软件。

1）Autodesk Meshmixer

Meshmixer 是 Autodesk 公司出品的 123d 系列之中的一款针对 STL 编辑及 3D 打印的一款软件，它给了设计者很大的自由度，可以完美导入、编辑、修改和绘制各种 3D 模型，而且简单易上手。

Meshmixer 具备自动修复功能，像携带有间隙、孔洞等问题，使用自动修复功能即可修复，Autodesk Meshmixer 软件如图 3.3.14 所示。

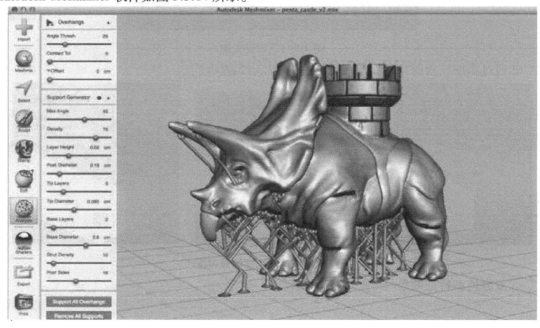

图 3.3.14　Autodesk Meshmixer 软件

2）Autodesk Netfabb

Autodesk Netfabb 是由欧特克推出的一款专业 3D 打印模型修复，它的界面比 Magics 简单，有非常不错的自动检测和自动修复功能，Netfabb 是 STL 修复中最全面的解决方案。Netfabb 具有观察、编辑、修复、分析 STL 文件的功能，同样可以自动修复。Autodesk Netfabb 软件如图 3.3.15 所示

图 3.3.15　Autodesk Netfabb 软件

3）MeshLab

MeshLab 是意大利的一款软件（图 3.3.16），旨在帮助典型的不那么小非结构化模型中产生三维扫描处理，为编辑提供一套工具、清洗、修复、检查、渲染和转换这种类型的网格。

图 3.3.16　MeshLab 软件

3.3.3 任务实施——模型检查与修复

（1）步骤一：Magics 软件导入模型

使用导入命令加载模型到 Magics 软件中，如图 3.3.17、图 3.3.18 所示。

图 3.3.17 导入命令

图 3.3.18 文件对话框

（2）步骤二：使用壁厚分析命令分析零件壁厚

在"分析 & 报告"命令栏里点击"壁厚分析"命令（图 3.3.19）。

图 3.3.19　壁厚分析命令

修改好参数后点击"确定",开始分析壁厚(图 3.3.20)。

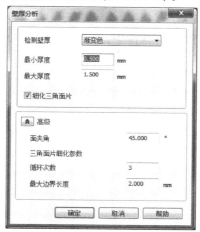

图 3.3.20　壁厚分析参数

分析完毕后就能通过颜色辨别壁厚的大小,如图 3.3.21,所示,确认壁厚大小适合使用 SLA 工艺成型。

图 3.3.21　扳手模型分析结果

任务 3.4　扳手产品的模型数据处理

3.4.1　任务实施——模型的数据处理

扳手模型

(1)步骤一:把模型先导入软件中

使用导入命令加载模型到 Magics 软件中,如图 3.4.1、图 3.4.2 所示。

图 3.4.1　导入命令

图 3.4.2　文件对话框

（2）步骤二:利用命令把模型摆放在平台内

导入模型后,模型默认位置(图 3.4.3)通常不适合直接使用。

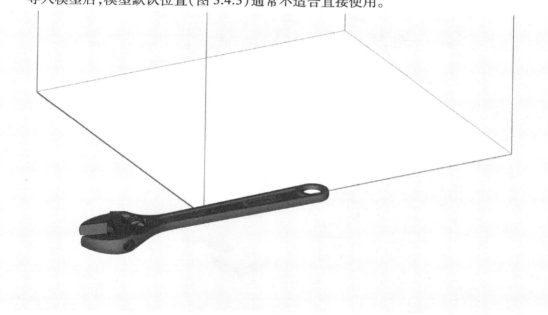

图 3.4.3　初始位置

首先需根据加工条件进行摆放,由于扳手模型有多个零件,采用一体成型,所以在进行摆放之前要选中所有零件进行编组,如图 3.4.4 所示。

图 3.4.4　零件编组

编组完成后使用自动摆放命令,如图 3.4.5 所示,进行自动摆放,效果如图 3.4.6 所示。然

图 3.4.5　自动摆放命令

后使用,平移,如图 3.4.7、图 3.4.8 所示,与旋转命令,如图 3.4.9、图 3.4.10 所示,调整至如图 3.4.11所示的位置。

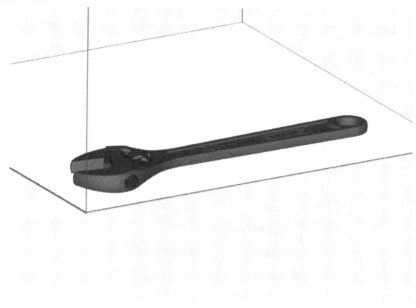

图 3.4.6　自动摆放完成

图 3.4.7　旋转命令

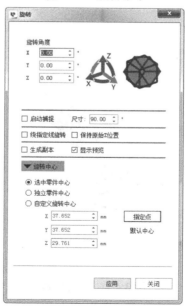

图 3.4.8　旋转参数

图 3.4.9　平移命令

图 3.4.10　平移参数

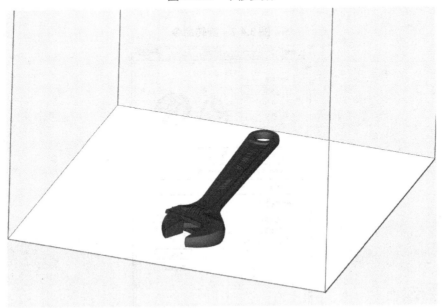

图 3.4.11　摆放完成

（3）步骤三：启用修复命令检查模型是否存在问题

位置调整完成后使用修复选项卡下的修复向导命令进行诊断修复模型，修复向导命令如图 3.4.12 所示，诊断命令如图 3.4.13 所示。

图 3.4.12　修复向导命令

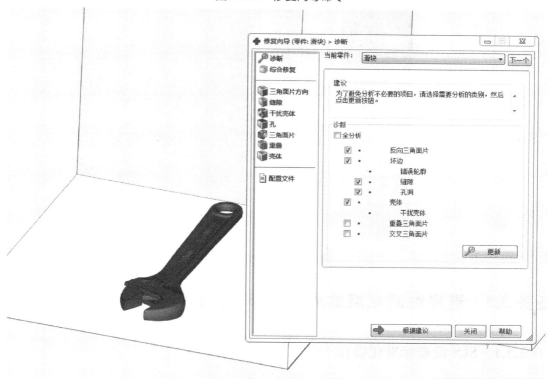

图 3.4.13　诊断命令

(4)步骤四:导出摆放好的模型

导出命令如图 3.4.14 所示。

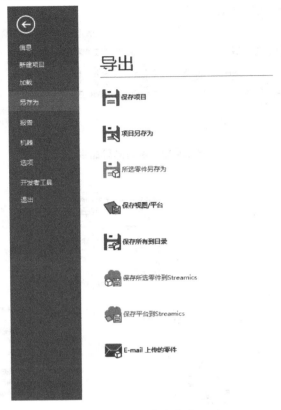

图 3.4.14　导出命令

任务 3.5　选择性激光烧结成型打印机操作与扳手产品打印

3.5.1　SLS 设备标准化操作

首先是流程简介:

1)开舱门(图 3.5.1)

2)收回加热模块(图 3.5.2)

3)取出激光透镜(图 3.5.3)

4)清理激光透镜(图 3.5.4)

5)加热模块拉出(图 3.5.5)

6)关舱门(图 3.5.6)

7)开始打印

图 3.5.1　开舱门

图 3.5.2　收回加热模块

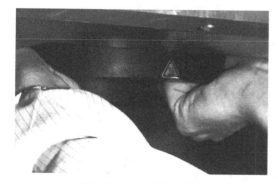

图 3.5.3　取出激光透镜

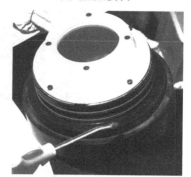

图 3.5.4　清理激光透镜

图 3.5.5　加热模块拉出

图 3.5.6 关闭舱门

（1）注意事项

操作设备前必须穿戴好防护工具，防止吸入过多粉尘。

（2）标准穿戴

标准穿戴示意图如图 3.5.7 所示。

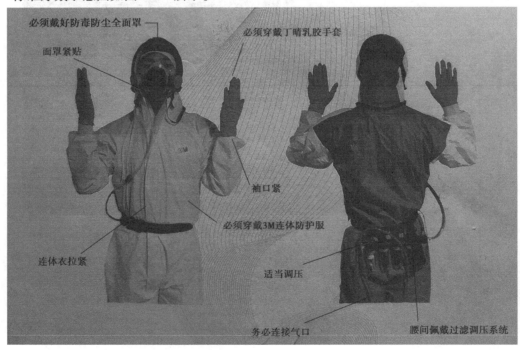

必须戴好防毒防尘全面罩

面罩紧贴

必须穿戴丁晴乳胶手套

袖口紧

必须穿戴3M连体防护服

连体衣拉紧

适当调压

务必连接气口

腰间佩戴过滤调压系统

图 3.5.7 标准穿戴示意图

3.5.2　任务实施——扳手产品打印

将文件导入设备控制电脑,开启打印软件打印,如图 3.5.8、图 3.5.9 所示。

SLS 设备操作

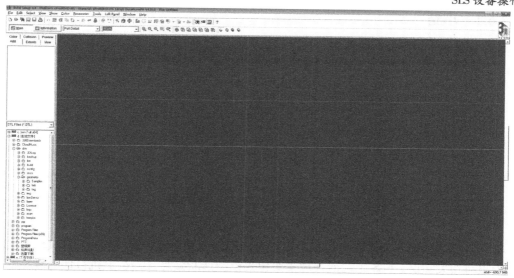

图 3.5.8　导入文件

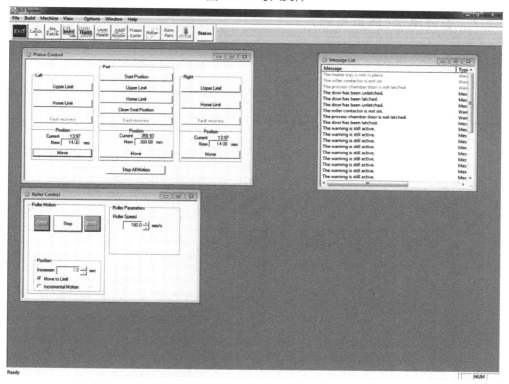

图 3.5.9　打印控制软件

打印完成,等待机器保温结束。保温结束,打开机器,将粉料缸取出。

任务 3.6　项目小结

3.6.1　小结

前处理流程如图 3.6.1 所示。

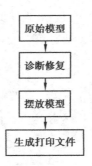

图 3.6.1　SLS 前处理工艺流程

本章以对使用 SLS 工艺制造的扳手模型进行后端处理为载体,详细介绍了 SLS 工艺前处理的步骤与相关知识。SLS 工艺前处理主要包含模型诊断修复、摆放、上机打印。SLS 工艺的前处理非常重要,这是关系到产品能否正常成型。

3.6.2　项目单卡(活页可撕)

训练一项目计划表

工序	工序内容
1	使用_____软件打开模型。
2	在_____选项卡下打开_____、_____命令。
3	使用该命令进行_____、_____分析。
4	

训练一自评表

评价项目	评价要点	符合程度		备注
模型分析	能够进行壁厚分析	□基本符合	□基本不符合	
	能够检查装配间隙	□基本符合	□基本不符合	
学习目标	掌握 SLS 打印原理	□基本符合	□基本不符合	
	了解 SLS 设备基本结构	□基本符合	□基本不符合	
	了解扳手模型分析内容	□基本符合	□基本不符合	
课堂 6S	整理（Seire）	□基本符合	□基本不符合	
	整顿（Seition）	□基本符合	□基本不符合	
	清扫（Seiso）	□基本符合	□基本不符合	
	清洁（Seiketsu）	□基本符合	□基本不符合	
	素养（Shitsuke）	□基本符合	□基本不符合	
	安全（Safety）	□基本符合	□基本不符合	
评价等级	A	B	C	D

训练一小组互评表

序号	小组名称	计划制订（展示效果）			任务实施（作品分享）		评价等级			
		可行	基本可行	不可行	完成	没完成	A	B	C	D
1										
2										
3										
4										

训练一教师评价表

小组名称	计划制订 （展示效果）			任务实施 （作品分享）	
	可行	基本可行	不可行	完成	没完成

评价等级：A□ B□ C□ D□   教学老师签名：_____

训练二项目计划表

工序	工序内容
1	在_____选项卡下打开_____新建平台,导入模型。
2	在_____选项卡下使用_____、_____、_____将模型摆放好。
3	
4	

训练二自评表

评价项目	评价要点	符合程度		备注
数据操作	模型无破损情况	□基本符合	□基本不符合	
	模型摆放合理	□基本符合	□基本不符合	
	模型切片导出	□基本符合	□基本不符合	
学习目标	掌握模型摆放技巧	□基本符合	□基本不符合	
	掌握扳手模型数据处理流程	□基本符合	□基本不符合	
课堂 6S	整理（Seire）	□基本符合	□基本不符合	
	整顿（Seition）	□基本符合	□基本不符合	
	清扫（Seiso）	□基本符合	□基本不符合	
	清洁（Seiketsu）	□基本符合	□基本不符合	
	素养（Shitsuke）	□基本符合	□基本不符合	
	安全（Safety）	□基本符合	□基本不符合	
评价等级	A	B	C	D

训练二小组互评表

序号	小组名称	计划制订（展示效果）			任务实施（作品分享）		评价等级			
		可行	基本可行	不可行	完成	没完成	A	B	C	D
1										
2										
3										
4										

训练二教师评价表

小组名称	计划制订 （展示效果）			任务实施 （作品分享）	
	可行	基本可行	不可行	完成	没完成

评价等级：A□ B□ C□ D□　　　　　　　　　教学老师签名：_____

训练三项目计划表

工序	工序内容
1	穿戴好防护用品_____、_____。
2	在打印前机器需要进行_____、_____。
3	复制打印文件到控制电脑进行_____、_____、_____后,开始打印。
4	打印时,需要进行_____。

训练三自评表

评价项目	评价要点	符合程度		备注
打印操作	穿戴好防护工具	□基本符合	□基本不符合	
	设备正常打印	□基本符合	□基本不符合	
	顺利取出工件	□基本符合	□基本不符合	
学习目标	设备调试步骤	□基本符合	□基本不符合	
	取件步骤	□基本符合	□基本不符合	
课堂 6S	整理（Seire）	□基本符合	□基本不符合	
	整顿（Seition）	□基本符合	□基本不符合	
	清扫（Seiso）	□基本符合	□基本不符合	
	清洁（Seiketsu）	□基本符合	□基本不符合	
	素养（Shitsuke）	□基本符合	□基本不符合	
	安全（Safety）	□基本符合	□基本不符合	
评价等级	A	B	C	D

训练三小组互评表

序号	小组名称	计划制订（展示效果）			任务实施（作品分享）		评价等级			
		可行	基本可行	不可行	完成	没完成	A	B	C	D
1										
2										
3										
4										

训练三教师评价表

小组名称	计划制订 （展示效果）			任务实施 （作品分享）	
	可行	基本可行	不可行	完成	没完成

评价等级:A□ B□ C□ D□　　　　　　　　教学老师签名:＿＿＿＿＿＿＿＿＿＿

3.6.3　拓展训练

（1）填空题

1）使用 SLS 工艺时，产品装配间隙要求_____。

2）SLS 工艺的全称是_____。

3）SLA 工艺中有关装配模型的要求有_____。

4）SLS 工艺的材料主要成分有_____、_____、_____、_____。

（2）简答题

1）简述 SLS 前处理工艺流程。

2）SLS 工艺设备的主要组成部分是什么。

3）SLS 工艺打印材料一般有哪些。

4）SLS 工艺的优点有哪些。

（3）实训

根据本项目内容，制订一个扳手产品的前处理流程，并进行扳手产品的前处理。

项目 *4*

选择性激光烧结成型工艺与简易模具产品打印

　　某模具厂近期要参加一个模具展览会,想在展会上体现一下公司的能力,用3D打印的方式,制作一个尼龙材料的模具模仁,体现公司与时俱进,与高新技术紧密结合,但公司里面都是传统机加工的机床,没有3D打印设备,于是该公司找到了学校,希望学校帮助公司,生产制造出该模具模仁,要求模具表面光顺、硬度高。

(1)内容

　　根据模具厂提出的要求,首先针对产品模型文件进行诊断,诊断是否符合成型要求;其次根据SLS成型特点摆放好模型;最后将SLS成型文件导出,上机打印。

(2)要求

　　①产品模型诊断与修复:模型文件无错误、模型特征符合成型要求。

　　②模型摆放:摆放角度符合成型特点,可以尽量减少支撑,提高成型成功率。

　　③上机打印:按照安全穿戴标准要求进行穿戴,上机打印。

(3)数模文件与打印成品

数模文件与打印成品如图4.1.1、图4.1.2所示。

图4.1.1　数模文件

图4.1.2　打印成品

（4）任务目标

1）能力目标

能够对简易模具模型进行简单分析。

能够对简易模具模型进行数据处理。

能够操作 SLS 打印机打印简易模具模型。

2）知识目标

了解 SLS 成型原理。

了解模型避空设计。

了解设备操作时的注意事项。

3）素质目标

具有严谨求实精神。

具有团队协同合作能力。

能大胆发言，表达想法，进行演说。

能小组分工合作，配合完成任务。

具备 6S 职业素养。

任务 4.1　选择性激光烧结成型工艺的材料

目前，在 SLS 系统上已经成功地用石蜡、高分子、金属、陶瓷粉末和它们的复合粉末材料进行烧结。由于 SLS 成型材料品种多、用料节省、成型件性能广泛，适合多种用途，所以 SLS 的应用越来越广泛（图 4.1.3）。

（1）工程塑料（ABS）

ABS 与聚苯乙烯同属热塑性材料，其烧结成型性能与聚苯乙烯相近，只是烧结温度高 20 ℃左右，但 ABS 成型件强度较高，所以在国内外被广泛用于快速制造材料。

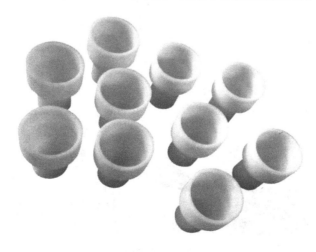

图 4.1.3　ABS 材料烧结

(2)聚苯乙烯(PS)

聚苯乙烯受热后可熔化、黏结、冷却后可以固化成璎,而且该材料吸湿率小,收缩率也较小,其成型件浸树脂后可进一步提高强度,主要性能指标可达拉伸强度不低于 15 MPa、弯曲强度不低于 33 MPa、冲击强度高于 3 MPa,可作为原型件或功能件使用,也可用作消失模铸造用母模生产金属铸件。但其缺点是必须采用高温燃烧法(>300 ℃)进行脱模处理,造成环境污染,因此,对于 PS 粉原料,针对铸造消失模的使用要求一般加入分解助剂,PS 材料烧结如图 4.1.4 所示。

图 4.1.4　PS 材料烧结

(3)聚碳酸酯(PC)

对聚碳酸酯烧结成型的研究比较成熟,其成型件强度高、表面质量好,且脱模容易,主要用于制造熔模铸造航空、医疗、汽车工业的金属零件用的消失模以及制作各行业通用的塑料模,PC 材料烧结如图 4.1.5 所示。

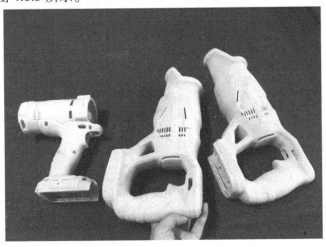

图 4.1.5　PC 材料烧结

（4）蜡粉

传统的熔模精铸用蜡（烷烃蜡、脂肪酸蜡等），蜡模强度较低，难以满足精细、复杂结构铸件的要求，且成型精度差，所以 DTM 研制了低熔点高分子蜡的复合材料。

（5）尼龙（PA）

尼龙材料用 SLS 方法可被制成功能零件，目前商业化广泛使用的有 4 种成分的材料，尼龙烧结如图 4.1.6 所示。

图 4.1.6　尼龙烧结

①标准的 DTM 尼龙（Standard Nylon），能被用来制作具有良好耐热性能和耐蚀性的模型。

②DTM 精细尼龙（DuraForm GF），不仅具有与 DTM 尼龙相同的性能，还提高了制件的尺寸精度，降低了表面粗糙度，能制造微小产品，适合概念型和测试型制造。

③DTM 医用级的精细尼龙（Fine Nylon Medical Grade），能通过高温蒸压被蒸汽消毒 5 个循环。

④原型复合材料（ProtoFormTM Composite）是 DuraForm GF 经玻璃强化的一种改性材料，与未被强化的 DTM 尼龙相比，它具有更好的加工性能，表面粗糙度 $Ra = 4 \sim 51$ μm，尺寸公差 0.25 mm，同时提高了耐热性和耐腐蚀性。

任务 4.2　选择性激光烧结成型工艺的应用

SLS 工艺几乎可以应用于各行各业中，不仅是在研发设计阶段的概念验证，同样适用于功能性手板的制作，终端零部件的生产，并直接或间接地用于各种快速铸造。目前该工艺在航空航天、家用电子、汽车制作、医疗辅助、工艺美术和灯饰等领域均有很广泛的应用，SLS 打印产品如图 4.2.1 所示。

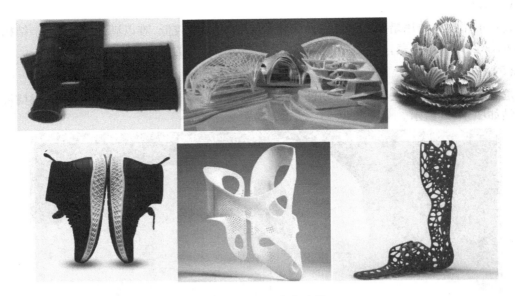

图 4.2.1　SLS 打印产品

任务 4.3　简易模具的模型检查与修复

4.3.1　任务实施——模型检查与修复

(1)步骤一:导入简易工件模型

使用导入命令加载模型到 Magics 软件中,如图 4.3.1、图 4.3.2 所示。

图 4.3.1　导入命令

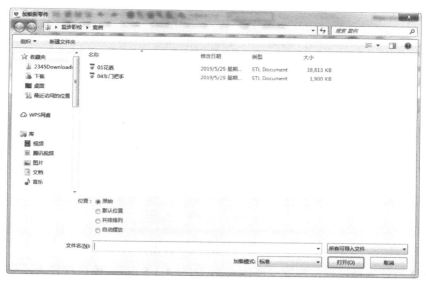

图 4.3.2　文件对话框

（2）步骤二：使用壁厚分析命令分析壁厚

在"分析 & 报告"命令栏里点击"壁厚分析"命令，如图 4.3.3 所示。

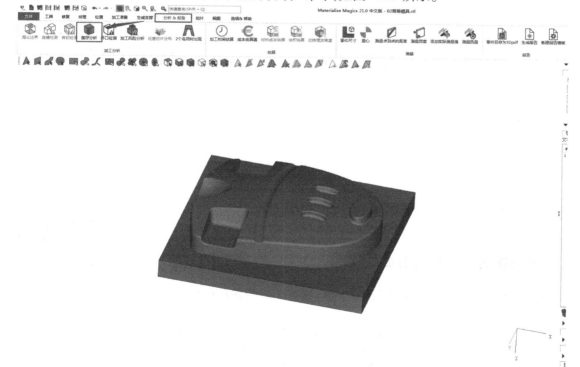

图 4.3.3　壁厚分析命令

修改好参数后点击"确定"开始分析壁厚，如图 4.3.4 所示。

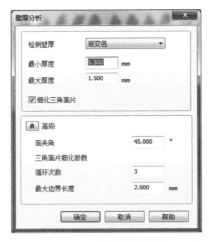

图 4.3.4　壁厚分析参数

　　分析完毕后就能透过颜色辨别壁厚的大小,如图 4.3.5 所示,确认壁厚大小适合使用 SLA 工艺成型。

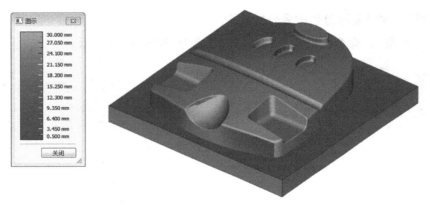

图 4.3.5　简易模具模型分析结果

任务 4.4　扳手产品的模型数据处理

模具模型
数据处理

任务实施——模型数据处理

(1)步骤一:打开抽壳命令(图 4.4.1),设置简易模具模型抽壳参数

图 4.4.1　抽壳命令

设置抽壳的参数,如壁厚为 5 mm 等,参数确认无误后单击"确定"抽壳,如图 4.4.2 所示。

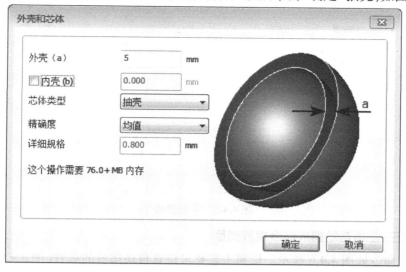

图 4.4.2　抽壳参数

切片完成效果如图 4.4.3 所示。

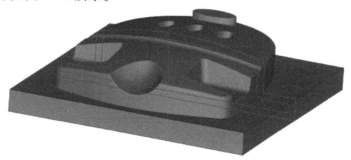

图 4.4.3　抽壳效果

(2)步骤二:导入模型至加工平台

①使用"从设计者视图创建平台"(图 4.4.4)。

图 4.4.4　创建平台

②选择正确的机器参数(图 4.4.5)。

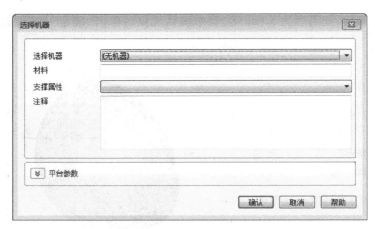

图 4.4.5　平台参数

(3)步骤三:使用自动摆放命令摆放模型

自动摆放命令如图 4.4.6 所示。依照工艺要求设置自动摆放的参数(图 4.4.7)。

图 4.4.6　自动摆放命令

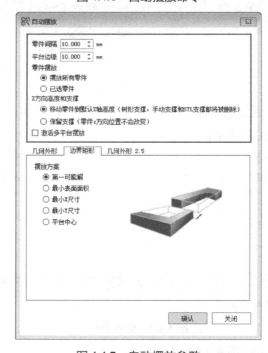

图 4.4.7　自动摆放参数

(4)步骤四:使用移动、旋转命令摆放模型

①找到"移动"和"旋转"命令(图4.4.8)。

图4.4.8 旋转和平移

②设置"平移"或"旋转"的命令参数(图4.4.9,图4.4.10)。

图4.4.9 平移参数

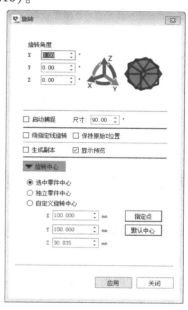

图4.4.10 旋转参数

(5)步骤五:导出文件

摆放好工件后,导出文件。摆放效果如图4.4.11所示,导出命令如图4.4.12所示。

图4.4.11 摆放效果

图 4.4.12　导出命令

任务 4.5　选择性激光烧结成型系统与简易模具产品打印

4.5.1　选择性激光烧结成型设备调试

1)开舱门

开舱门流程为:先关闭保护气体的输入气阀,然后再打开舱门(图 4.5.1)。

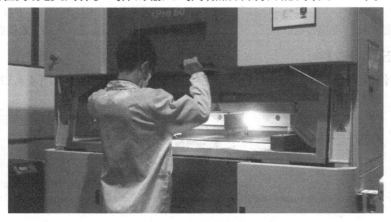

图 4.5.1　开舱门

2) 收回加热模块

①将隔热挡板拆除(图4.5.2)。

②将加热模块收回(图4.5.3)。

图4.5.2　拆除隔热挡板

图4.5.3　收回加热模块

3) 加材料

①将料舱下降。

②将材料倒入料舱。

③铺平料舱。

4) 清理激光透镜(图4.5.4)

①将激光透镜取出。

②清理激光透镜。

③装入激光透镜。

图4.5.4　清理激光透镜

5) 加热模块拉出(图4.5.5)

①将加热模块拉出。

②插入隔热挡板。

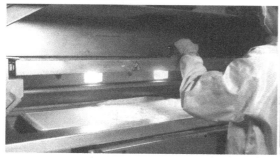

图4.5.5　拉出加热模块

6）关舱门（图 4.5.6）

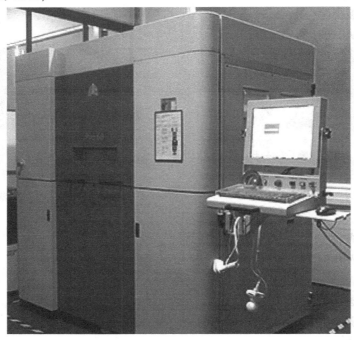

图 4.5.6　关舱门

标准穿戴如图 4.5.7 所示。

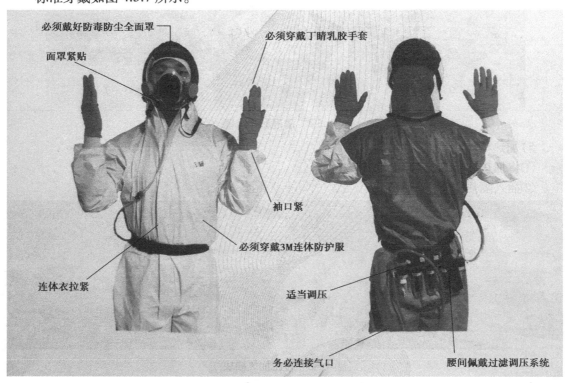

必须戴好防毒防尘全面罩

面罩紧贴

必须穿戴丁腈乳胶手套

袖口紧

必须穿戴3M连体防护服

连体衣拉紧

适当调压

务必连接气口

腰间佩戴过滤调压系统

图 4.5.7　标准穿戴示意图

4.5.2　任务实施——简易模具产品打印

将文件导入设备控制电脑(图4.5.8),开启软件打印(图4.5.9)。

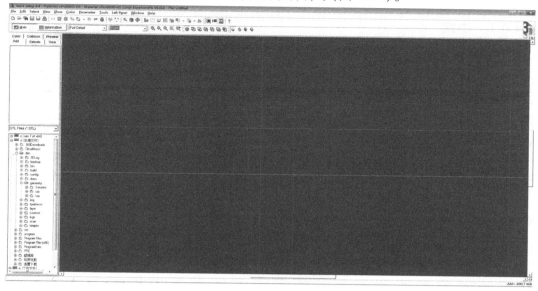

图 4.5.8　导入文件

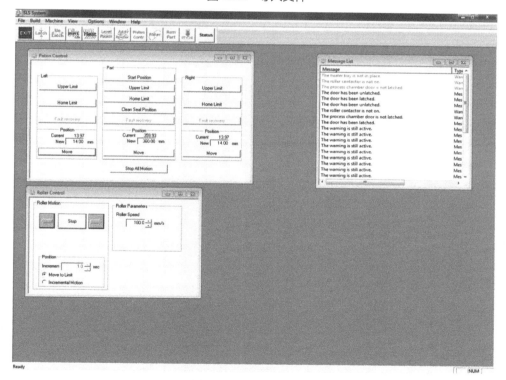

图 4.5.9　打印控制软件

打印完成,等待机器保温结束。保温结束,打开机器,将粉料缸取出。

任务 4.6 项目小结

4.6.1 小结

前处理流程如图 4.6.1 所示。

本章以对使用 SLS 工艺制造的简易模具模型进行后端处理为载体,详细介绍了 SLS 工艺前处理的步骤与相关知识。SLS 工艺前处理主要包含模型诊断修复、摆放、上机打印。SLS 工艺的前处理非常重要,这关系到产品能否正常成型。

4.6.2 项目单卡(活页可撕)

图 4.6.1 SLS 前处理
工艺流程

训练一项目计划表

工序	工序内容
1	使用_____软件打开模型。
2	在_____选项卡下打开_____命令。
3	使用该命令进行_____分析。
4	

训练一自评表

评价项目	评价要点	符合程度		备注
模型分析	能够进行壁厚分析	□基本符合	□基本不符合	
	能够检查装配间隙	□基本符合	□基本不符合	
学习目标	掌握 SLS 打印原理	□基本符合	□基本不符合	
	了解 SLS 设备基本结构	□基本符合	□基本不符合	
	了解简易模具模型分析内容	□基本符合	□基本不符合	
课堂 6S	整理（Seire）	□基本符合	□基本不符合	
	整顿（Seition）	□基本符合	□基本不符合	
	清扫（Seiso）	□基本符合	□基本不符合	
	清洁（Seiketsu）	□基本符合	□基本不符合	
	素养（Shitsuke）	□基本符合	□基本不符合	
	安全（Safety）	□基本符合	□基本不符合	
评价等级	A	B	C	D

训练一小组互评表

序号	小组名称	计划制订 （展示效果）			任务实施 （作品分享）		评价等级			
		可行	基本 可行	不可行	完成	没完成	A	B	C	D
1										
2										
3										
4										

训练一教师评价表

小组名称	计划制订 （展示效果）			任务实施 （作品分享）	
	可行	基本可行	不可行	完成	没完成

评价等级:A□　B□　C□　D□　　　　　　　　　　教学老师签名:＿＿＿＿＿

训练二项目计划表

工序	工序内容
1	在_____选项卡下打开_____新建平台,导入模型。
2	在_____选项卡下使用_____、_____、_____将模型摆放好。
3	
4	

训练二自评表

评价项目	评价要点	符合程度		备注
数据操作	模型无破损情况	□基本符合	□基本不符合	
	模型摆放合理	□基本符合	□基本不符合	
	模型切片导出	□基本符合	□基本不符合	
学习目标	掌握模型摆放技巧	□基本符合	□基本不符合	
	掌握简易模具模型数据处理流程	□基本符合	□基本不符合	
课堂 6S	整理（Seire）	□基本符合	□基本不符合	
	整顿（Seition）	□基本符合	□基本不符合	
	清扫（Seiso）	□基本符合	□基本不符合	
	清洁（Seiketsu）	□基本符合	□基本不符合	
	素养（Shitsuke）	□基本符合	□基本不符合	
	安全（Safety）	□基本符合	□基本不符合	
评价等级	A	B	C	D

训练二小组互评表

序号	小组名称	计划制订 （展示效果）			任务实施 （作品分享）		评价等级			
		可行	基本可行	不可行	完成	没完成	A	B	C	D
1										
2										
3										
4										

训练二教师评价表

小组名称	计划制订 （展示效果）			任务实施 （作品分享）	
	可行	基本可行	不可行	完成	没完成

评价等级：A□　B□　C□　D□　　　　　　　　　　　教学老师签名：＿＿＿＿＿＿＿

训练三项目计划表

工序	工序内容
1	穿戴好防护用品_____、_____。
2	在打印前机器需要进行_____、_____。
3	复制打印文件到控制电脑进行_____、_____、_____后,开始打印。
4	打印时,需要进行_____。

训练三自评表

评价项目	评价要点	符合程度		备注
打印操作	穿戴好防护工具	□基本符合	□基本不符合	
	设备正常打印	□基本符合	□基本不符合	
	顺利取出工件	□基本符合	□基本不符合	
学习目标	设备调试步骤	□基本符合	□基本不符合	
	取件步骤	□基本符合	□基本不符合	
课堂 6S	整理（Seire）	□基本符合	□基本不符合	
	整顿（Seition）	□基本符合	□基本不符合	
	清扫（Seiso）	□基本符合	□基本不符合	
	清洁（Seiketsu）	□基本符合	□基本不符合	
	素养（Shitsuke）	□基本符合	□基本不符合	
	安全（Safety）	□基本符合	□基本不符合	
评价等级	A	B	C	D

训练三小组互评表

序号	小组名称	计划制订（展示效果）			任务实施（作品分享）		评价等级			
		可行	基本可行	不可行	完成	没完成	A	B	C	D
1										
2										
3										
4										

训练三教师评价表

小组名称	计划制订 （展示效果）			任务实施 （作品分享）	
	可行	基本可行	不可行	完成	没完成

评价等级：A□　B□　C□　D□　　　　　　　　　　　　　教学老师签名：＿＿＿＿＿＿

4.6.3　拓展训练

(1)填空题

1)使用 SLS 工艺时,产品壁厚要求有_____。

2)SLS 工艺的全称是_____。

3)SLA 工艺中有关装配模型的要求有_____。

4)SLS 设备的附属设备有_____、_____、_____、

_____。

(2)简答题

1)简述 SLS 前处理工艺流程。

2)SLS 工艺设备的主要组成部分是什么。

3)SLS 设备的标准操作流程。

4)SLS 的标准穿戴要求是什么。

(3)实训

根据本项目内容,制订一个简易模具产品的前处理流程,并进行扳手产品的前处理。

项目 5

选择性激光熔化成型工艺与汽车把手产品打印

　　某汽车公司为了回馈客户预推出一款汽车定制配件的活动,为了增加客户的吸引力,想采用高新技术定制。经过讨论,打算选择通过 3D 打印技术来定制配件。考虑到要投入实际应用中,最终选择 SLM 工艺来完成定制配件的制造。该公司打算先打印出一个样品件,验证是否满足应用于实际生活中,因此找到学校,希望通过 3D 打印 SLM 工艺打印出这样一个样品件,以开展此活动。

(1)内容

　　根据汽车公司提出的要求:首先针对产品模型文件进行诊断,诊断是否符合成型要求;其次根据 SLM 成型特点摆放好模型;再次根据 SLM 成型特点添加支撑;最后将 SLM 成型文件导出,上机打印。

(2)要求

　　1)产品模型诊断与修复:模型文件无错误、模型特征符合成型要求;

　　2)模型摆放:摆放角度符合成型特点,可以尽量减少支撑,提高成型成功率;

　　3)模型加支撑:采用合适的支撑类型,增强支撑强度,减少支撑数量;

　　4)上机打印:按照安全穿戴标准要求进行穿戴,上机打印。

(3)打印成品

产品数模文件及打印成品如图 5.1.1、图 5.1.2 所示。

图 5.1.1　数模文件

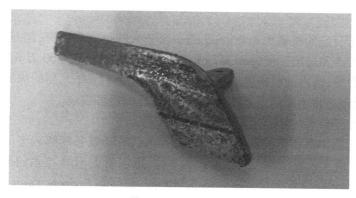

图 5.1.2　打印成品

（4）任务目标

1）能力目标

能够根据模型结构选择 SLM 成型工艺；

能够熟练操作 SLM 成型设备。

2）知识目标

了解 SLM 成型原理；

学会分析案例；

了解设备操作时的注意事项。

3）素质目标

具有严谨求实精神；

具有团队协同合作能力；

能大胆发言，表达想法，进行演说；

能小组分工合作，配合完成任务；

具备 6S 职业素养。

任务 5.1　选择性激光熔化成型工艺的历史与发展

SLM 成型
工艺

5.1.1　选择性激光熔化成型工艺的历史

第一台 SLM 系统是 1999 年由德国 Fockele 和 Schwarze（F & S）与德国弗朗霍夫研究所一起研发的基于不锈钢粉末成型材料的 SLM 成型设备。目前国外已有多家 SLM 设备制造商，如德国 EOS 公司、SLM Solutions 公司和 Concept Laser 公司。华南理工大学于 2003 年开发出国内的第一套金属激光选区熔化设备 Dimetal-240，并于 2007 年开发出 Dimetal-280，于 2012 年开发出 Dimetal-100，其中 Dimetal-100 设备已经进入预商业化阶段。

5.1.2　选择性激光熔化成型工艺的发展前景

纵观国内外的 SLM 设备和应用情况，SLM 设备在以下方面还需要不断地改进和发展。

1）高性价比

SLM 设备对于目前的机械加工业来说,是一个极大的创新和补充,但是 SLM 设备高昂的价格阻碍了它的推广和应用。国外 SLM 设备售价大概为 500 万~700 万元人民币,还不包括后续的材料使用费等,国内的科研院所或者企业一般承担不了如此高的成本。为了更好地推广和发展,SLM 设备必将不断降低成本,向着高性价比的趋势发展。

2）成型大尺寸零件

目前由于激光器功率和扫描振镜偏转角度的限制,SLM 设备能够成型的零件尺寸范围有限,这使得 SLM 设备无法成型较大尺寸的金属零件,也限制了 SLM 技术的推广应用。目前国外的 SLM 设备厂家正在研发大尺寸零件的成型设备,如目前 Concept Laser 公司开发出的 M3 设备已经能够成型尺寸达到 300 mm×350 mm×300 mm 的金属零件。

3）与传统加工方法结合

SLM 技术虽然具有很多的优势,但它也有制造成本高、成型件表面质量差等缺陷。因此若是能将 SLM 技术和传统机加工方法结合起来,同时发挥二者的优势,将使制造技术提升一个台阶。目前日本 Matsuura 公司开发出了金属光造型复合加工设备 LUMEX Avance-25,该设备将金属激光成型和高速、高精度的切削加工结合在一起,实现了复合加工。LUMEX Avance-25 设备可在一台装置内交替进行金属激光成型和采用立铣刀的切削精加工。这样,实现了与传统机加工方法相当的尺寸精度和表面粗糙度,还能够加工出传统加工方法无法成型的复杂形状零件。此外这种复合加工技术还能够使制造周期大幅缩短,使一个金属零件从设计到加工的工期缩短了 61.5%。这种技术必然是今后 SLM 设备发展的一种趋势。

4）定制化、智能化

随着各种部件不断轻量化和集成化的发展,未来将出现定制化的便携式 SLM 设备。这些 SLM 设备将成为今后人们生产和工作中的实用工具,颠覆传统制造方式,并改变人们的生活方式。球化和翘曲是 SLM 成型过程中最主要的缺陷,为了克服这些缺陷,制造出高质量的金属成型件,未来的 SLM 设备需要具有智能化的过程控制功能。球化是由每一层粉末熔化时的微小缺陷累积而成的,而每一层的成型质量由工艺参数决定。因此如果能够在 SLM 成型过程中实现智能实时监控,在出现微小缺陷时就可自动调整,从而减少球化现象的产生。

任务 5.2 选择性激光熔化成型工艺原理及应用

5.2.1 选择性激光熔化成型工艺原理

SLM:Selective laser melting(选择性激光熔化),增材制造的一种,是以金属粉末的快速成型技术,用它能直接成型出接近完全致密度、力学性能良好的金属零件。打印机控制激光在铺设好的粉末上方选择性地对粉末进行照射,金属粉末加热到完全熔化后成型。然后活塞使工作台降低一个单位的高度,新的一层粉末铺洒在已成型的当前层之上,设备调入新一层截面的数据进行激光熔化,与前一层截面黏结,此过程逐层循环直至整个物体成型,如图 5.2.1所示。SLM 的整个加工过程在惰性气体保护的加工室中进行,以避免金属在高温下氧化。

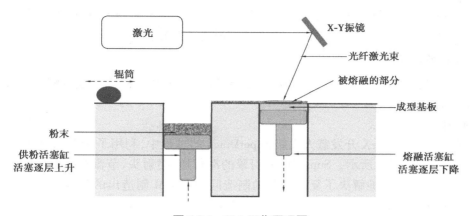

图 5.2.1　SLA 工作原理图

5.2.2　SLM 与 SLS 的区别

（1）成型原理不同

SLM 是将激光的能量转化为热能使金属粉末成型,其主要区别在于 SLS 在制造过程中,金属粉末并未完全熔化,而 SLM 在制造过程中,金属粉末加热到完全熔化后成型。与 SLS 工艺不同,大型中空部分通常不用于金属打印,因为不能容易地去除支撑结构,而 SLS 工艺不需要添加支撑。

（2）支撑加载不同

SLM 工艺一般需要添加支撑结构如图 5.2.2 所示,其主要作用体现在:

①承接下一层未成型粉末层,防止激光扫描到过厚的金属粉末层,发生塌陷;

②由于成型过程中粉末受热熔化冷却后,内部存在收缩应力,导致零件发生翘曲等,支撑结构连接已成型部分与未成型部分,可有效抑制这种收缩,能使成型件保持应力平衡。支撑起到两个作用:保证打印件与基板的线切割距离;防止打印件由于内应力产生的弯曲变形。

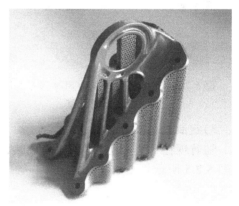

图 5.2.2　SLM 打印支撑

（3）打印过程不同

SLM 技术克服了 SLS 技术制造金属零件工艺过程复杂的困扰。SLS 是激光烧结,所用的金属材料是经过处理的,与低熔点金属或者高分子材料的混合粉末,在加工的过程中低熔点的材料熔化,但高熔点的金属粉末是不熔化的。先是用灯管加热或者金属板热辐射的方式,将粉材加热到超过了结晶温度,大约 170 ℃。利用被熔化的材料实现黏结成型,所以实体存在孔隙,力学性能差,部分零件要使用的话还要经过高温重熔。

（4）力学性能不同

SLM 是选择性激光熔化,顾名思义也就是在加工的过程中用激光使粉体完全熔化,不需要黏结剂,成型的精度和力学性能都比 SLS 要好。然而因为 SLM 没有热场,它需要将金属从 20 ℃ 的常温加热到上千度的熔点,这个过程需要消耗巨大的能量。

(5)SLM 技术应用

目前 SLM 技术主要应用在工业领域,在复杂模具、个性化医学零件、航空航天和汽车等领域具有突出的技术优势。

1)航空航天

美国航天公司 SpaceX 开发载人飞船 SuperDraco 的过程中,利用了 SLM 技术制造了载人飞船的引擎,如图 5.2.3 所示。SuperDraco 引擎的冷却道、喷射头、节流阀等结构的复杂程度非常之高,3D 打印很好地解决了复杂结构的制造问题。SLM 制造出的零件的强度、韧性、断裂强度等性能完全可以满足各种严苛的要求,使得 SuperDraco 能够在高温高压环境下工作。

2)汽车

在 3D 打印技术众多的应用领域中,汽车行业是 3D 打印技术最早的应用者之一。利用 SLM 技术制造的汽车金属零件,在降低成本、缩短周期、提高工作效率、生产复杂零件等方面具有优势,能够使车身设计、结构、轻量化等性能更优异,如图 5.2.4 所示。

图 5.2.3　SpaceX 公司利用 SLM 技术制造的
载人飞船引擎

图 5.2.4　SLM 打印汽车发动机

3)定制礼品

随着现在 3D 打印技术的不断成熟,用户根据需求开始利用金属打印定制各类型的礼品,如图 5.2.5 所示。

图 5.2.5　利用 SLM 技术定制奖杯

4）个性化医学

利用 SLM 技术,可以应用于制造下颌骨、脊柱融合矫正、义齿等。经过临床验证并获得 CFDA 上市许可的 3D 打印骨科内植人物产品,髋臼骨杯一体成型如图 5.2.6 所示,无涂层脱落风险,表面"刺刀"结构有利于即刻牟定和骨整合。

（6）选择性激光熔化成型工艺前处理流程（图 5.2.7）

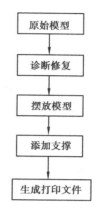

图 5.2.6　SLM 打印髋臼骨杯　　　　图 5.2.7　SLM 前处理工艺流程

5.2.3　选择性激光熔化成型工艺的材料

1）材料种类

可用于 SLM 技术的粉末材料主要分为三类,分别是混合粉末、与合金粉末、单质金属粉末。

①混合粉末:混合粉末由一定比例的不同粉末混合而成。现有的研究表明,利用 SLM 成型的构件机械性能受致密度、成型均匀度的影响,而目前混合粉的致密度还有待提高;

②预合金粉末:根据成分不同,可以将预合金粉末分为镍基、钴基、钛基、铁基、钨基、铜基等,研究表明,预合金粉末材料制造的构件致密度可以超过 95%;

③单质金属粉末:一般单质金属粉末主要为金属钛,其成型性较好,致密度可达到 98%,如图 5.2.8 所示。

图 5.2.8　SLA 工作原理图

2)材料性能

金属3D打印的关键优势在于它与高强度材料(如镍或钴铬合金高温合金)的兼容性,如表5.2.1所示。这些材料很难用传统的制造方法加工。通过使用金属3D打印来创建近净形状的部件,可以在以后进行后处理以获得非常高的表面光洁度,从而显著节省成本和时间。

表5.2.1　3D打印金属材料性能表

材　　料	性能作用
铝合金	良好的机械和热性能、低密度、导电性好、硬度低
不锈钢和模具钢	高耐磨性、硬度很高、良好的延展性和可焊性
钛合金	耐腐蚀性能、优异的强度重量比、低热膨胀、生物相容性
钴铬合金高温合金	优异的耐磨性和耐腐蚀性、在高温下具有很好的性能、硬度非常高、生物相容性
镍超合金(Inconel)	优异的机械性能、高耐腐蚀性、耐温可达1 200 ℃、用于极端环境
贵金属	用于珠宝制作

5.2.4　选择性激光熔化成型工艺的应用

(1)航空

其实航空工业在20世纪80年代就已经开始使用增材制造技术,之前增材制造在航空制造业只扮演了做快速原型的小角色,但现在的发展趋势是,这一技术将在整个航空航天产业链占据战略性的地位。包括GE、波音、空客、LockheedMartin、GKN、Honeywell等在内的著名航空航天制造企业都做出了行动,由于增材制造所具有的极大灵活性,未来的飞机设计可以实现极大的优化,在设计中充分采用仿生力学结构。

最典型的应用要属GE用增材制造的方法来生产燃油喷嘴。燃油喷嘴的设计可以避免"开锅",或者是油嘴部位积炭。GE声明该结构的燃油喷嘴几何形状只能通过增材制造的方法来生产。2010年空客将GE生产的LEAP-1A发动机作为A320neo飞机的选配,LEAP发动机中带有3D打印的燃油喷嘴。2015年5月19日,A320neo飞机首飞成功。装有LEAP发动机的A320neo获得欧洲航空安全局(EASA)的认证和美国联航空管理局(FAA)的认证。2017年10月初,CE航空宣布成功完成了1901-GE-900涡轮轴发动机原型的测试。这款发动机属于美国陆军改进型涡轮发动机项目(Improved Turbine Engine Program,ITEP)的一部分。

应用在航空制造领域中的金属增材制造技术,除了像GE的燃油喷嘴所采用的粉末床熔融3D打印技术,还有其他的3D打印技术,以激光、电子束、等离子束或电弧为聚焦热能的定向能量沉积(Directed Energy Deposition,DED)3D打印工艺在一定程度上替代了锻造技术。

早在2003年,波音就通过美国空军研究实验室来验证一个3D打印的金属零件,这个零件是用于F-15战斗机上的备品备件。当需要更换部件时,3D打印的作用显现出来,因为通过传统加工的时间太长了,并且通过3D打印加工钛合金,替代了原先的铝锻件,而钛合金的耐蚀耐疲劳性更高,反而更加满足这个零部件所需要达到的性能。当时这个零件是通过激光能量沉积的工艺加工金属粉末来获得的，这种 DFD 工艺被首次应用到军事飞机上。同时也打开了波音公司的 3D 打印应用之路。14 年后，波音公司已有超过 50 000 件 3D 打印的各种类型的飞机零件。

1）性能更好的零件

如图 5.2.9 所示为空客 3D 打印隔离舱，该结构采用模块化设计，由 122 个 3D 打印零件像拼图样连接在一起。这样的设计不仅最大限度地减少材料的使用，而且具有高韧性的特点，其中一个或多个节点断裂的时候，并不影响整个网的稳固性。

图 5.2.9　3D 打印 A320 隔离舱

同 3D 打印的仿生隔离结构比原来的结构轻 55 lb，这一看似微不足道的数字如果从每架飞机的整个服役周期来计算的话，累计减少的二氧化碳排放量将高达 9.6 万。可见，3D 打印仿生结构的价值不仅仅在于自身对材料的节约，更在于对飞机能源的节约和环境的保护。

2）轻量化

飞机上的零件每减小一点质量就会使飞机节省大量的燃油消耗。以一架起飞质量达 65 t 的波音 737 飞机为例，如果机身减轻一磅，每年将节省数十万美元燃油成本。实现飞机减重的常见方式有两种：一种是使用密度更小、性能更强的先进材料来替代现有材料；另一种减重方式是对现有飞机零部件进行轻量化设计。3D 打印通过结构设计层面实现轻量化的主要途径有四种：中空夹层/薄壁加筋结构、镂空点阵结构、一体化结构实现、异形拓扑优化结构。

无论是 3D 打印的发动机零部件，还是飞机机舱中的大型零部件，在航空制造业所进行的大量 3D 打印探索当中，相比上一代设计更加轻量化，几乎是这些零部件的共同特点。3D 打印技术通过实现零部件结构设计层面上的突破而实现轻量化，以最少的材料满足零部件的性能要求。

图 5.2.10 所示为 3D 打印的航空发动机中空叶片，叶片总高度为 933 mm，横截面最大弦长为 183 mm，内部中空，以 21 排成 45°的薄肋进行加固处理，该零件由铂力特采用选区激光熔融技术一次成型制造，内部致密，整个叶片中空设计，使得叶片重量减轻 75%。

图 5.2.10　3D 打印的航空
发动机中空叶片

3）实现铸造和锻造难以实现的复杂结构和冶金性能

在传统铸造工艺中，大尺寸和薄壁结构铸件的制造一直存在难以突破的技术壁垒。由于冷却速度不同，在铸造薄壁结构金属零件时,会出现难以完成铸造或者铸造后应力过大,零件变形的情况。这类零件可以使用选区激光熔融 3D 打印技术进行制造,通过激光光斑对金属粉末逐点熔化,在局部结构得到良好控制的情况下保证零件整体性能。

铸造生产是机械制造工业中提供机械零件毛坯的主要加工方法之一。通过锻造,不仅可以得到机械零件的形状,而且能改善金属内部组织,提高金属的物理性能。一般对受力大、要求高的重要机械零件,大多采用锻造生产方法制造,如汽轮发电机轴、转子、叶轮、叶片、护环、大型水压机立柱、高压缸、轧钢机轧辊、内燃机曲轴、连杆、齿轮、轴承以及国防工业方面的火炮等。锻造技术在航空制造领域已应用多年,主要用于制造飞机、发动机承受交变载荷和集中载荷的关键和重要零件。飞机上锻造的零件质量占飞机机体结构质量的 20%~35% 和发动机结构质量的 30%~45%,是决定飞机和发动机的性能、可靠性、寿命和经济性的重要因素之一,锻造技术的发展对航空制造业有着举足轻重的作用。

随着航空产业发展,对航空装备极端轻量化与可靠化的追求越来越急迫,锻造技术的瓶颈已逐渐显现,尤其在大型复杂整体结构件、精密复杂构件的制造以及制造材料的节省方面。定向能量沉积 3D 打印工艺在航空航天制造业中的应用恰好弥补了传统锻造技术的不足,在飞机结构件一体化制造(翼身一体)、重大装备大型锻件制造(核电锻件)、难加工材料及零件的成型、高端零部件的修复(叶片、机匣的修复)等传统锻造技术无法做到的领域发挥出独特的作用。甚至有人认为 3D 打印技术可以替代锻造技术用于航空制造领域。

以电子束和等离子束为热能的定向能量沉积技术在近年来受到了航空航天制造企业的重视,这些技术被用于制造大型复杂整体零件的毛坯。波音通过 Norsk Titanium 公司的快速等离子沉积设备 3D 打印的钛合金结构件已经进入了生产阶段。美国航空制造企业洛克希德·马丁空间系统公司(Lockheed Martin Space Systems Company)曾投资 400 万美元从 Sciaky 公司购买了一台基于电子束熔化焊接(EBAM)技术的 3D 打印机,并用这台设备制造出直径近 150 cm 的燃料箱,削减了燃料箱的制造成本。

通过电子束熔化焊接技术的特点,可以了解到定向能量沉积 3D 打印工艺与锻造工艺的区别。电子束熔化焊接技术的 3D 打印材料为金属丝,并使用一种功率强大的电子束在真空环境中通过高达 100 ℃ 的高温来熔化打印金属零部件。这种电子束枪的金属沉积速率达 20 lb/h。电子束定向能量沉积、逐层增加的方法创建出来的任何金属部件都近乎纯净。该技术也可以用于修复受损的部件或者增加模块化部件,并且不会产生传统焊接或金属连接技术中常见的焊缝或者其他缺陷。

4)零件修复

基于定向能量沉积工艺的激光熔覆技术对飞机的修复产生了直接的影响,涡轮发动机叶片、叶轮和转动空气密封垫等零部件,可以通过表面激光熔覆强化得到修复。

激光熔覆技术本身也在不断地发展,2017 年,德国 Fraunhofer 研究机构还开发出超高速激光材料沉积——EHLA 技术。这项技术使得定向能量沉积所实现的表面质量更高,甚至达到涂层的效果。EHLA 技术已经迅速地被德国通快商业化。

除了激光熔覆技术,冷喷增材制造技术正在引起再制造领域的关注。其中,GE 就通过向飞机发动机叶片表面以超声速从喷嘴中喷射微小的金属颗粒,为叶片受损部位添加新材料而不改变其性能。除了不需要焊接或机加工就能制造全新零件以外,冷喷技术令人兴奋之处在于,它能够将修复材料与零件融为一体,恢复零件原有的功能和属性。

5）涡扇发动机

INTECH DMLS 公司为印度斯坦航空公司（HAL）25KN 涡扇发动机制造了一款 3D 打印的燃烧室机匣，如图 5.2.11 所示。这是一种复杂的薄壁零部件，打印材料为镍基高温合金。此类零部件不仅具有大型复杂结构，而且对结构完整性要求高，在使用传统制造技术加工此类零件时存在众多难点。例如：零件壁较薄，加工时容易变形及产生让刀现象，难以保证加工精度；在加工时需要将毛坯中的大部分材料作为切削余量加以去除，切削加工量大；由于材料导热性较差，在切削加工中切削温度高，加工硬化现象严重，刀具磨损严重等。

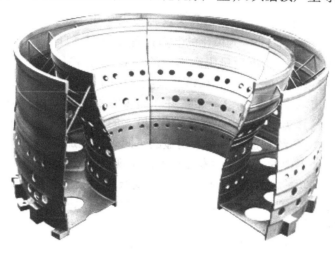

图 5.2.11　3D 打印的燃烧室机匣

这些难点使发动机燃烧室机匣的制造周期长，制造成本高。传统工艺制造该零部件的周期为 18~24 个月，而 Intech DMLS 研发和制造燃烧室机匣的周期为 3~4 个月，使用的制造工艺包括镍基高温合金机匣的 3D 打印、热处理、机加工、表面处理，以及对 5 个独立 3D 打印部件的激光焊接。

6）涡轮轴发动机

赛峰直升机发动机有限公司业务部门推出了新的 Aneto 涡轮轴发动机，这是大功率发动机系列，Aneto-1K 在航空航天公司 Leonardo 的 AW189K 直升机中使用。Aneto 发动机包含四级压缩机，发动机安装了由 3D 打印零件组成的新燃烧室和 3D 打印的进口导向叶片。

3D 打印技术为发动机性能的提升和制造成本的降低贡献了力量，新发动机的功率将比现有的相同发动机的功率提高 25%，将为直升机提供更强的动力特别适合执行海上搜索和救援、消防或军事运输等任务。

单轴核心 1901 发动机 2017 年 10 月初，GE 航空宣布成功完成了 1901-CGE-900 涡轮轴发动机原型机的测试。这款发动机属于美国陆军改进型涡轮发动机项目（Improved Turbine Engine Program，ITEP）的一部分。TEP 项目的目标是为黑鹰、阿帕奇等美国军队使用的直升机生产出新型涡轮轴发动机，具体的目标是使发动机的动力提升 50%，燃油效率提升 25%，并能够降低成本。经过测试，GET901 发动机的性能达到甚至超过 TEP 项目的要求，已为发动机的制造做好准备。

单轴核心架构是 1901 发动机设计的关键，该设计实现了成本效益和战斗所需的灵活模块化结构。单轴核心意味着压缩机和气体发生器中的所有旋转部件在个轴上并以相同的速度旋转。在进行 3D 打印零件设计时，GE 还尝试了更先进的空气动力学形状的设计思路，这对发动机性能、可靠性和耐用性的提升具有积极意义。

（2）汽车

汽车制造业是一个十分注重速度与成本的行业，当前的工业级 3D 打印似乎看起来与汽车行业完全不搭界，论速度，粉末床金属熔融等 3D 打印技术看起来"慢得惊人"；论成本，很多时候 3D 打印出来的产品像黄金一样贵，那么 3D 打印在汽车领域的应用是如何落脚的？又将走向何方呢？

其实 3D 打印最早应用于汽车行业是因为这种技术免除了传统的开模过程，模具制造过程本身是成本昂贵并花费时间的。无模化的制造过程使得 3D 打印技术在小批量生产方面更具有灵活性。而在汽车工业中，小批量生产用到的环节包括研发过程中的原型与试制、展示过程中的概念车、制造过程中的工装夹具、再制造过程中的零件修复、个性化改装与定制过程中的零部件以及售后市场中的小批量备品备件。那么除了适合原型制造及小批量生产，3D 打印有没有其他优势？其实，3D 打印除了无模化，最大的优势是制造成本并不随着产品设计的复杂性明显上升，这与传统制造技术有着明显的不同。传统加工工艺在制造形状非常复杂的产品时甚至会因为加工中的干涉等因素导致无法实现，使得设计者不得不改变设计或者牺牲掉一部分想要实现的功能。3D 打印不仅适用于复杂形状与结构的制造，还提供了更大的可能性来实现以产品功能为导向的设计自由度。仿生结构、点阵结构、一体化功能集成这些领域都是 3D 打印施展拳脚的空间。尤其是针对那些不可能通过传统工艺来加工的仿生结构零件，3D 打印有着明显的优势，这些优势正逐渐地与汽车研发及制造结合起来。

根据市场研究机构 SmarTech 的分析，3D 打印技术应用到汽车行业大致需要经过 4 个阶段：基础快速原型、分布式制造思想的产生、先进的成型与探索、快速制造和工具制造。这四个阶段描述出一张 3D 打印技术与汽车工业逐渐走向深度结合的路线图。

但 3D 打印技术与汽车工业深入结合的道路上，充满着挑战。3D 打印技术在汽车制造业中的应用，最终会被未来的汽车设计方向所驱动。下一代的汽车技术正朝着轻量化、智能化、个性化方向发展，汽车的设计迭代周期将继续缩短。3D 打印技术设备商必须研发自身的设备以满足多个或其中一项发展需求，使得自身的技术可以满足汽车行业的需求。

3D 打印技术与汽车制造业深度结合的挑战不仅限于技术的发展，还包括沟通和教育。3D 打印技术能够为汽车制造业创造价值是显而易见的，比如说它们能够制造复杂的轻量化结构，使汽车设计师获得更大的自由度来实现设计的思路，实现一些传统制造工艺无法制造出的结构和功能；由于金属 3D 打印技术能够实现金属零件的无模制造，这项技术具有替代铸造工艺的潜力，为汽车制造商节省零件开发时间，降低开发成本等。然而，与航空航天制造业不同的是，航空航天制造业已深刻认识到 3D 打印技术对高价值的航空航天应用带来的影响并有足够的动力去探索这一技术的应用。目前，汽车领域的设计工程师还未对 3D 打印技术产生足够的重视，要突破传统观念的限制还需要花费大量的沟通成本。

无疑，3D 打印将催生电动汽车设计方面的快速迭代，并带来全新的电动汽车设计与生产模式。此外，拿电动汽车的核心部件来说，电力驱动及控制系统是电动汽车的核心，也是区别于内燃机汽车的最大不同点。3D 打印在核心部件方面也具有颠覆性的潜力，减轻重量、创建更高效的动力传动系统、降低噪声，3D 打印将带来永无止境的创新过程。

1）概念车制造

概念车是一种介于设想和现实之间的汽车，我们可以把概念车理解为未来汽车。汽车设计师利用概念车向人们展示新颖、独特、超前的构思，概念车承载着人类对先进汽车的梦想与追求。有的概念车只是处在创意、试验阶段，也许不会投产，主要作用是探索汽车的造型、新的结构、验证新的原理等。有的概念车则已经配备了动力总成，这类概念车比较接近于批量生产阶段。

无论是属于哪种类型，从制造的角度上来讲，概念车都属于一种定制化的小批量制造的车辆。概念车设计与制造过程中，面临着交货期短和制造成本昂贵的挑战。面对这些挑战，概念车设计公司开始寻求更加高效、经济的制造技术，其中就包括3D打印技术。除了满足概念车开发与制造，对小批量快速制造成本和交期控制的需求，概念车设计师还要在汽车设计方案上做出创新，例如在车身设计中引入仿生结构，使得概念车变得轻量化，并充满时尚感。借助3D打印技术，设计师可以实现一些前所未有的汽车设计方案，3D打印概念车如图5.2.13所示。

欧洲的概念车在设计与制造中已经引入了3D打印技术。比如说英国 Envisage 工程公司，引入了包括3D打印、3D扫描、先进设计分析软件以及 WR（虚拟现实）等技术在内的数字化技术。Envisage 使用先进的分析软件进行汽车结构的优化设计。软件产生的分析数据可作为证据提交给认证机构，证明车辆的设计是符合相关设计标准的，在过去这些证据往往需要通过物理检测的方式来获取，有时物理检测会导致车辆结构的损坏。

图 5.2.12　3D 打印概念车

2）发动机零件

汽车发动机是为汽车提供动力，是汽车的心脏，影响汽车的动力性、经济性和环保性。根据动力来源不同，汽车发动机可分为柴油发动机、汽油发动机、电动汽车电动机以及混合动力等。3D打印技术在汽车发动机制造中的应用主要包括以下几种：使用选区激光熔融技术直接制造复杂的发动机零件；使用选区激光烧结技术或黏结剂喷射技术制造汽车零件铸造用的砂型。黏结剂喷射金属3D打印技术，作为一种新型金属打印工艺，在发动机组件、变速箱壳体等部件的快速成型制造领域具有一定潜力。

3D打印技术，特别是用金属3D打印技术直接制造发动机零件的技术，还处于探索阶段，但是增材制造技术在提升汽车发动机性能、缩短制造周期方面的优势已日渐清晰。发动机制造商康明斯就曾通过使用选区激光熔融技术开发新一代的柴油发动机零件。3D打印柴油机零件设计的特点是轻量化、性能改进并降低制造成本，它不仅提高了柴油机支架的性能，还为风扇驱动带轮提供了锚点。3D打印发动机零件如图5.2.13所示。

图5.2.13　3D打印发动机零件

3）热交换器

热交换器是指使热量从热流体传递到冷流体的设备，在汽车和工程机械车辆上应用广泛。汽车上使用的热交换器品种较多，有散热器（俗称水箱）、中冷器、机油冷却器、空调冷凝器和蒸发器、暖风热交换器、尾气再循环系统（ECR）冷却器、液压油冷却器等，它们在汽车上分别属于发动机、变速器、车身和液压系统。

热交换器通常由焊接在一起的薄片材料制成，由于制造难度较高，热交换器制造技术在过去20年里发展缓慢，传统热交换器已无法满足汽车轻量化的需求。但是3D打印技术为热交换器轻量化和性能提升注入了新的活力。与3D打印随形冷却模具的价值类似，通过增材制造的热交换器不但减少了重量，同时提高了传热效率，提升了热交换器的整体性能。3D打印热交换器如图5.2.14所示。

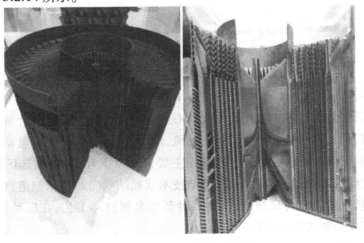

图5.2.14　3D打印热交换器

4）3D 打印定制夹具

汽车零部件机械装配过程中会用到多种不同的夹具,其中很多工装属于个性化定制的工具,如果用传统制造方式制造这些非标的夹具则成本高、周期长。常见的夹具由金属制成,夹具本身的重量大。3D 打印技术与夹具制造的结合点主要有三个,即:快速制造个性化或小批量的夹具、夹具设计的自由造型、用轻量化的塑料夹具替代金属夹具。

（3）模具

3D 打印与模具的关系十分微妙,一方面 3D 打印本身就带有无模化的特点,也就是说 3D 打印使得模具变得多余了;另一方面,3D 打印在模具制造方面有着特殊的优势,尤其是选择性金属熔融技术在随形冷却模具方面的制造变得越来越主流,也就是说 3D 打印使得模具性能更好。

那么 3D 打印是助推模具的发展还是要抑制模具的发展呢?

当前,模具工业是全球最大的横向产业,面向每个主要的垂直工业制造业。由于制造和模具是高度相互依存的,模具的设计和制造工艺与最终产品的竞争力息息相关。无数的产品都需要通过模具来制造,模具制造包括模制或铸模两大类。机械加工是最常用的模具制造技术,该技术能够提供高度可靠的结果,但是非常昂贵和费时,对于一些复杂的模具组件,机械加工技术对模具设计的自由度受到很大的制约。所以很多模具制造企业也开始寻找更加有效的替代技术,通过增材制造技术制造的模具因其独特的优越性逐渐受到模具企业的欢迎。

金属 3D 打印技术为模具设计带来了更高的自由度,这使得模具设计师能够将复杂的功能整合在一个模具组件上,通过设计优化来提高模具性能,从而使通过模具制造的高功能性终端产品的制造速度更快、产品的缺陷更少。例如,注塑件的总体质量要受到注入材料和流经工装夹具的冷却流体之间热传递状况的影响。如果用传统技术来制造的话,引导冷却材料的通道通常是直的,从而在模制部件中产生较慢的和不均匀的冷却效果。3D 打印可以实现任意形状的冷却通道,以确保实现随形的冷却,更加优化且均匀,最终制造出更高质量的零件,带来较低的废品率。此外,更快的冷却显著减少了注塑的周期,因为一般来说冷却时间最高可占整个注塑周期的 70%。这种 3D 打印随形冷却水路还可以应用在压模具中,德国奥迪汽车已通过金属 3D 打印技术生产压铸模具和热加工部件的内部嵌件生产,奥迪可通过随形冷却技术,以更高的成本效益实现部件和汽车配件生产。制造模具中的随形冷却水路是金属 3D 打印的一个具有应用潜力的市场。

不过,3D 打印随形冷却模具目前还仅仅适合高附加值模具的制造,模具这个市场对价格十分敏感,这就需要 3D 打印设备在打印速度方面有一个跳跃性的进步,并且打印工艺的稳定性达到高度的可控,才有可能突破市场边界。

而除了金属 3D 打印的随形冷却模具,还有一种塑料 3D 打印的快速模具,在工业制造企业开发新产品的过程中,经常会需要小批量的终端产品来进行设计验证或市场验证,如果通过传统模具制造工艺制造这些产品所需的模具,摊销在每件产品上的固定模具制造费用是非常昂贵的,这使得企业的新产品研发成本高,有时会选择推迟或放弃产品的设计更新。如果企业要求验证的终端产品必须是通过注塑工艺生产的塑料产品,那么一种经济的替代方案,就是通过 3D 打印技术用树脂或复合材料快速制造模具,然后再通过这些模具来注塑生产小批量的塑料产品。3D 打印模具缩短了整个产品开发周期,使模具设计周期跟得上产品设计周期的步伐。3D 打印使企业能够承受得起模具更加频繁的更换和改善。

模具是"万业之母":电子、汽车、电机、电器、仪表、家电和通信等产品中的许多零部件是用模具制造出来的。

如按照模具的用途来分类,模具可以分为用于金属材料成型的金属模具和用于塑料等非金属材料成型的非金属模具两类,金属模具又包括冲压模、锻模、铸模、压铸模、挤压模、拉丝模和粉末冶金模等。非金属模具主要包括塑料模和无机非金属模。

3D 打印技术在金属模具与塑料模具的制造中都有相应的应用。在金属模具中较为典型的应用,是将 3D 打印技术用于制造铸模,比如说通过黏结剂喷射 3D 打印技术制造金属铸造用的砂模。在注塑模具制造中典型的应用是制造模具中的随形冷却水路,图 5.2.15 所示为3D 打印在注塑模具中的主要应用,制造随形水路的 3D 打印技术为选区激光熔融。

图 5.2.15　3D 打印模具随形冷却

目前 3D 打印技术并不能替代传统的模具加工技术,但在模具小批量快速制造或部分复杂模具的制造中,3D 打印技术的应用价值已非常清晰。3D 打印技术在模具制造中的应用价值主要体现在以下方面。

复杂模具:金属 3D 打印技术在制造一些结构非常复杂的模具或者是某些特定几何形状的模具时更加具有经济优势。例如:如果用传统技术来制造注塑模具中的冷却水路,引导冷却材料的水路通常是直的,这种冷却系统将在模制部件中产生较慢的、不均匀的冷却效果。金属 3D 打印技术则可以制造出复杂的随形冷却水路,为模具带来均匀的冷却效果,最终使注塑企业利用模具制造出更高质量的塑料零件,并保持较低的废品率。

(4)医疗

3D 打印技术在医疗领域的主要应用价值体现在更好地为患者进行个体化治疗,以高效、精准的数字化设计与制造手段制造定制化的医疗器械。毋庸置疑,3D 打印在医疗领域极具发展潜力。

在骨科植入物和牙科领域,正在发生产业化的趋势。国内骨科方面,北京大学第三医院、上海九院、西京骨科医院等在植入物领域拥有了丰富的案例。其中西京骨科医院以 Shape、Stricture、Strength、Surface、Survival I 的 5 理念贯穿了整个 3D 打印植入物解决方案的设计要素,郭征教授提出的以形补形(shape)、虚虚实实(stucture)、支撑有效(strength)、界面互动(surface)、诱骨生长(survival)成为 3D 打印植入物在实际操作中总结出来的精华智慧。牙科方面国内涌现了一大批的企业正在通过 3D 打印技术实现齿科产品专业化生产,我国企业正在向几大极具潜力的牙科应用发力,包括:矫正器制造(如时代天使、正雅齿科、西安恒惠等)、义齿制造(如惠州鲲鹏义齿、东莞爱嘉义齿、广州中国科学院先进技术研究所等)、种植牙制造(如创导三维、江苏创英、三生科技等)。

　　除了骨科和牙科,3D 打印在医疗器械领域的应用还很宽泛,3D 打印可制造的医疗器械主要包括:植入物、手术规划模型、手术器械、牙科修复、正畸器和康复器械。也有一些组织工程研究、生命科学研究学者、研究机构采用 3D 打印技术制造组织工程支架、人体组织以及微流控芯片。3D 打印植入物如图 5.2.16 所示。

图 5.2.16　3D 打印植入物

任务 5.3　汽车把手产品的模型检查与修复

任务实施——模型检查与修复

使用导入命令加载模型到 Magics 软件中,如图 5.3.1、图 5.3.2 所示。

图 5.3.1　导入命令

图 5.3.2　文件对话框

在"分析 & 报告"命令栏里单击"壁厚分析"命令,如图 5.3.3 所示。

图 5.3.3　壁厚分析命令

修改好参数后单击"确定"开始分析壁厚,如图 5.3.4 所示。

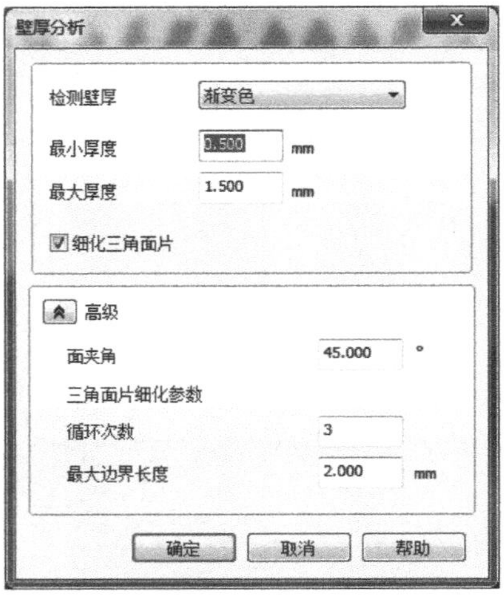

图 5.3.4　壁厚分析参数

　　分析完毕后就能透过颜色辨别壁厚的大小,如图 5.3.5 所示,确认壁厚大小适合使用 SLA 工艺成型。

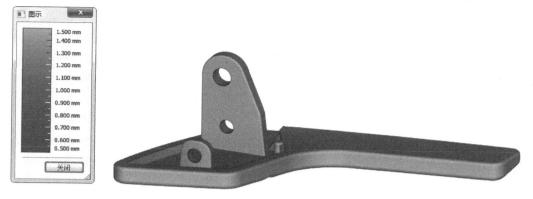

图 5.3.5　汽车把手模型分析结果

任务 5.4　汽车把手产品的模型数据处理

汽车把手
模型分析

(1)步骤一:在 Magics 软件中导入模型

　　在 Magics 软件中新建机器平台;单击加工准备选项卡,再单击新平台按钮。如图 5.4.1 所示,在选择机器对话框中选择对应的机器型号,这里选择 RS6000,选择完毕后单击确认,如图 5.4.2 所示。

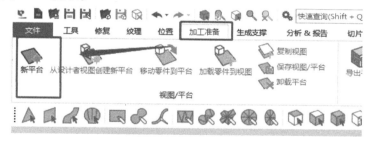

图 5.4.1　新建平台

图 5.4.2　选择机器

在"文件"命令栏里单击"加载",在"加载"命令栏里单击"导入模型"选择要导入的模型导入即可,如图 5.4.3、图 5.4.4 所示。

图 5.4.3　导入命令

图 5.4.4　文件对话框

(2)步骤二:修复与摆放模型

导入模型后,模型默认位置通常不适合直接使用,如图 5.4.5 所示;首先需根据加工条件进行摆放。首先进行自动摆放,自动摆放命令如图 5.4.6 所示,自动摆放效果如图 5.4.7 所示。然后使用,平移如图 5.4.8、图 5.4.9 所示,与旋转命令,如图 5.4.10、图 5.4.11 所示,调整至如图 5.4.12 所示的位置。

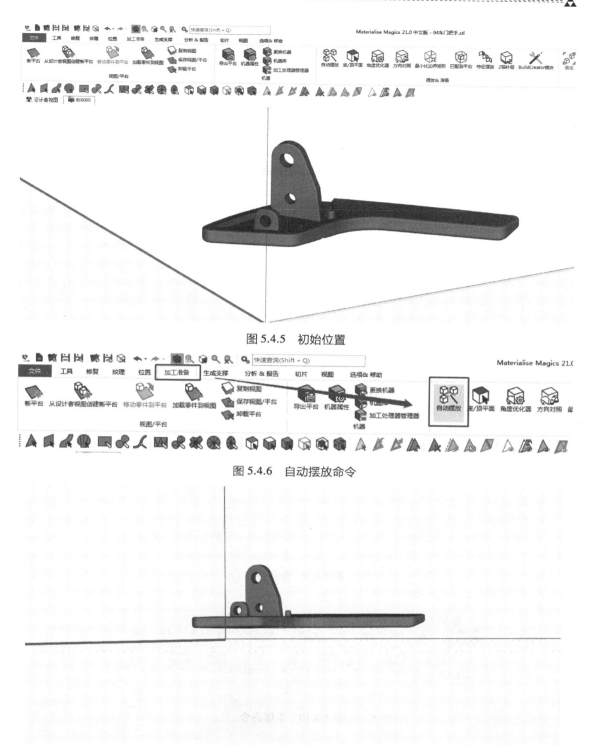

图 5.4.5　初始位置

图 5.4.6　自动摆放命令

图 5.4.7　自动摆放完成

图 5.4.8　旋转命令

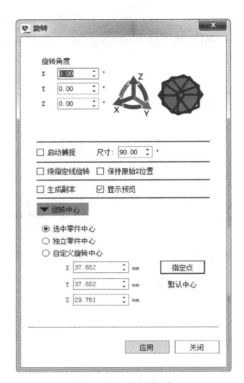

图 5.4.9　旋转参数

图 5.4.10　平移命令

图 5.4.11 平移参数

图 5.4.12 摆放完成

位置调整完成后使用修复选项卡下的修复向导命令进行诊断修复模型,修复向导命令如图 5.4.13 所示,诊断命令如图 5.4.14 所示。

图 5.4.13　修复向导命令

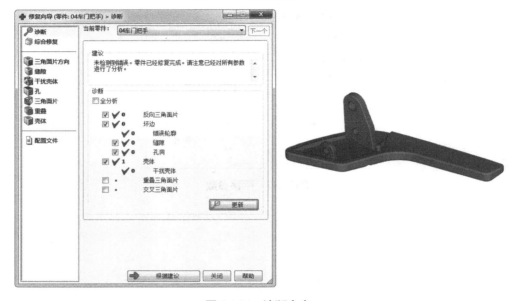

图 5.4.14　诊断命令

（3）步骤三：为模型添加支撑

使用生成支撑选项卡下生成支撑命令，如图 5.4.15 所示，为模型添加支撑。支撑添加效果如图 5.4.16 所示。

图 5.4.15　生成支撑命令

图 5.4.16　生成完成

(4)步骤四:模型切片

在"切片"选项卡中选择"切片所选",如图 5.4.17 所示,设置好切片参数和切片格式,单击"确定"导出模型,如图 5.4.18 所示。

图 5.4.17　切片命令

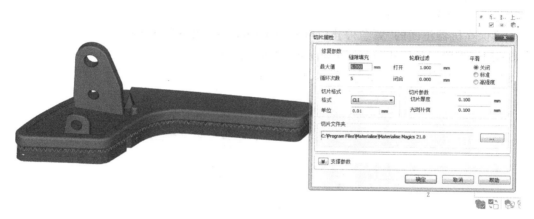

图 5.4.18　切片选项

任务 5.5　选择性激光熔化成型打印机操作与汽车把手产品打印

5.5.1　SLM 上机指南

(1)上机流程

在 ProX DMP 320 设备的操作过程中,要了解认识操作的规范化流程,并需特别注意所有危险警告标志,个人规范化操作,防止造成人身伤害或设备损坏。

(2)个人防护装备

1)手套

处理粉末中,应佩戴一次性橡胶手套。粉末处理操作完成后丢弃手套。在未脱下手套前,请勿进行开关操作,使用门把手或其他固定装置,以防止交叉污染。

2)衣着

当工作环境中存在活性金属固化物时,应穿着具有导电性的特殊阻燃材料,且裤子无翻边或封闭口袋。

3）安全口罩

要求佩戴 N99(FFP3)或同等防护级别的一次性防尘口罩。

4）防护镜

处理粉末过程中,要求佩戴紧密贴合的护目镜或者全脸防护面罩。紧急情况下,通过冲洗眼部,清除误入眼部的颗粒。

5）安全靴

在重物品处理区域,必须穿着防静电安全靴,其中包括粉末容器和建模平台区域。

（3）开机流程

ProX DMP 320 开机流程如图 5.5.1 所示。

①确保打印机已连接至电源插座;

②打开主开关;

③打开"24VDC"开关;

④确保在机器正面的"紧急停止(emergency stop)"按钮不在使用中;

⑤按下"重置紧急停止(reset emergency stop)"按钮;

⑥按下"打开电脑(pc on)"按钮来打开电脑;

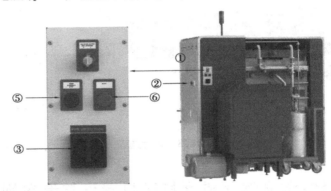

图 5.5.1　ProX DMP 320 开机流程

⑦打开"DMP Deposition"和"DMP Control"程序,如图 5.5.2 所示;

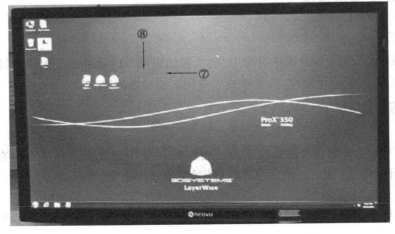

图 5.5.2　DMP Deposition 和 DMP Control 程序

⑧此时,打印机已经准备好,可以使用。

(4)ProX DMP 320 打印机准备

在操作 ProX DMP 320 打印机时,一定使用合适的安全保护装备,供粉舱高度可通过 DMP Deposition 调节。

1)加粉至供粉舱

加入大约 100 mm 的粉末,用不锈钢铲刀插入粉末数次压实粉末,如图 5.5.3 所示。继续添加粉末并压实,直到加入足够量的粉末。确保两侧供粉舱加入了一样多的粉末,并且有足够量的粉末来完成打印任务,所需粉末的深度为打印任务的高度乘以 1.25。

例如:加入一个打印任务的高度为 100 mm,则两侧供粉舱都必须至少有 125 mm 的粉末。

$$供粉舱粉末高度 H = 1.25 × 打印件高度 h$$

因为供粉舱会在惰化过程中下降如图 5.5.4 所示,供粉舱最多可添加 320 mm 的粉末。如果需要打印更高的零件,在成型舱添加 140 mm 的粉末,并在惰化过程结束后,用刮刀将粉末移动到供粉舱。

图 5.5.3　供粉舱加粉

图 5.5.4　供粉舱惰化过程

注意:①在任何处理粉末的时候(添加、筛分、更换),须确保操作者应站在抗静电垫上,或操作者身穿连接模块接地带以确保操作者对于机器来说是接地的。尽可能缓慢地,并且靠近粉末表面挖或者倒粉末,以免产生扬尘,建议吸气臂处于供粉舱上方并在运作。

②基板必须兼容于打印材料。

2)安装基板

①用粒度 100 的砂光机去除基板上的不规则物并打磨基板如图 5.5.5 所示;

②用 91% 的异丙醇清洁基板;

③放置基板至相应位置,并用 M6 螺丝来固定基板位置如图 5.5.6 所示;

④降低成型舱,直到基板上表面与模块表面同一水平面,使用方块来检查高度如图 5.5.7 所示。

图 5.5.5　打磨基板

图 5.5.6　安装基板

图 5.5.7　调试基板

3)调节成型舱高度

①使用"Manual Operation"中的上下箭头来调整成型舱的高度如图 5.5.8 所示。

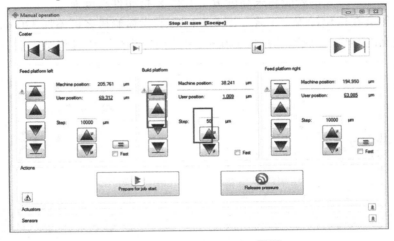

图 5.5.8　Manual Operation 界面

②拧开两颗螺丝,取下刮刀如图 5.5.9 所示。

图 5.5.9　取下刮刀

③放置新的硅胶条,拧紧所有螺丝以确保硅胶条已被固定,如图 5.5.10 所示。

④将刮刀放置在切割装置内如图 5.5.11 所示。

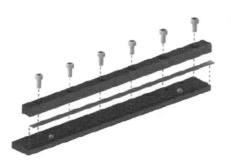

图 5.5.10　放置硅胶条

图 5.5.11　硅胶条切割装置

⑤用锋利的美工刀快速笔直地切掉多余的硅胶条,如图 5.5.12 所示。

注意:小心切割过程中可能导致的划伤。

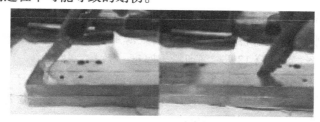

图 5.5.12　切割硅胶条

⑥取下切割工具的盖子,将伸出的硅胶条末端切掉,以 45°角的切割方式切割,如图 5.5.13 所示。检查硅胶条是否平滑无不规则凸起,如果不是,更换新的硅胶条。

图 5.5.13　检查硅胶条

⑦将刮刀装回打印机。

⑧将刮刀移动至一侧,将另一侧的供粉舱上升至粉末超出模块平面几个毫米如图 5.5.14 所示。

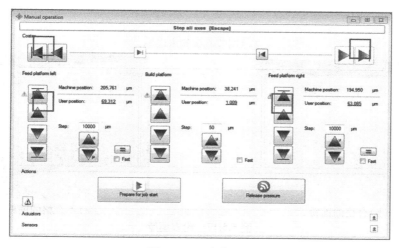

图 5.5.14　移动刮刀

⑨控制刮刀从一侧移动至另一侧,从而铺一层薄薄的粉。检查在成型舱与供粉舱之间的部分粉末厚度是否一致,如图 5.5.15 所示。

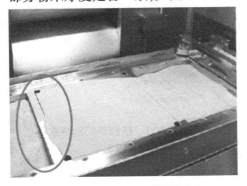

图 5.5.15　利用刮刀铺粉测试

图 5.5.16　调节刮刀

⑩拧松上面与侧面的螺丝,转动粉末太厚或太薄那一侧的外心来调整刮刀的高低,如图5.5.16 所示。拧紧螺丝,重复第 13 步,直到粉末厚度一致。

⑪检查基板上的粉末层厚,如图 5.5.17(a、b、c)所示。应当有小于 1 mm 的粉末在基板上,通过粉末,基板仍应该被看到。每次上升成型舱十几微米来改变层厚,切勿上升太多,当上升过多时,刮刀会被损坏,硅胶条需要更换。

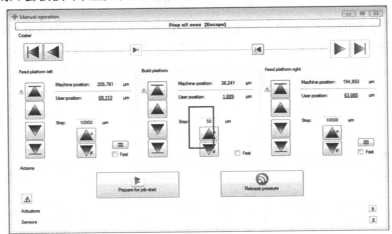

(a)调节基板粉末层厚

(b)合格的铺粉

(c)不合格的铺粉

图 5.5.17　粉末层厚

4）擦拭镜头

使用镜头纸与提供的清洗液擦拭激光镜头，如图 5.5.18 所示。

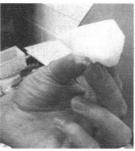

图 5.5.18 擦拭激光镜头

5）锁定打印模块

确保打印模块已被锁定，如图 5.5.19 所示。

6）关闭舱门

拧紧螺丝，如图 5.5.20 所示。

图 5.5.19 锁紧打印模块　　　　　　　　　　图 5.5.20 关闭舱门

7）准备打印

单击"准备开始打印（Prepare for Job Start）"，如图 5.5.21 所示。

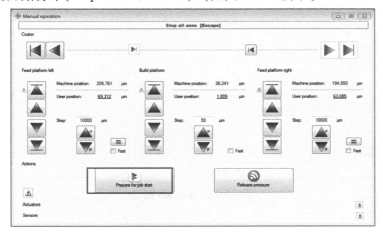

图 5.5.21 准备开始打印

①单击"继续(continue)"按钮,打印机将开始抽气。

②当机内气压降至-800 mbar以下时,检查舱门螺丝,有需要的情况下,再度拧紧。

③打印机将执行三次惰化程序,一次惰化程序包括抽真空,充入氩气。三次惰化程序结束后,舱内氧含量将降至100 ppm,此时可开始打印。

④在抽气过程中,粉末表面将变得不平整。手动操作将供粉舱内粉末升至略超过模块平面,确保不改变成型舱基板高度。依靠刮刀,制造一个平整的粉床,如图5.5.22所示。

图5.5.22 平整的粉床

⑤在"DMP deposition"程序中,"Run job"窗口会跳出如图5.5.23所示。在此窗口中,供粉量可被修改。在打印开始时,供粉量需要达到300%~350%,原因是:经过惰化过程,空气从供粉舱中被抽出,供粉舱表面的粉末较为松散,不如处于下方的粉末严实,密度较小。打印10~50层后,250%(基于零件体积)的供粉量比较合适。大体积的零件需要更多粉末,例如320%的量。

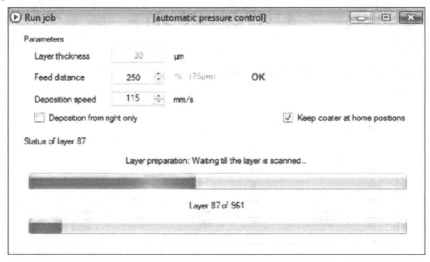

图5.5.23 Run job窗口

8)分析打印任务

①通过"DMP control"软件打开打印任务,如图 5.5.24 所示。

图 5.5.24 DMP control 软件

②打开所需任务。

③单击"任务分析(Job analyzer)",如图 5.5.25 所示。

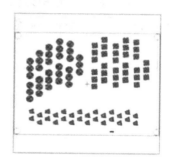

图 5.5.25 任务分析

④勾选"单层(Single layer)"和"大功率(Power burn)",并单击"开始打印(Start job)",如图 5.5.26 所示。

图 5.5.26 参数设置

⑤激光将会扫描第一层并打印至基板上,确保所有零件在基板上。

⑥通过"DMP Deposition"软件,下降成型舱 20 μm,如图 5.5.27 所示,并重新铺一层粉。

⑦取消勾选"单层(Single layer)"和"大功率(Power burn)"。操作者单击"Start job(开始任务)",打印机开始打印,如图 5.5.28 所示。

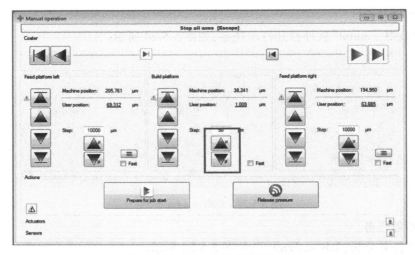

图 5.5.27　调节成型舱基板高度

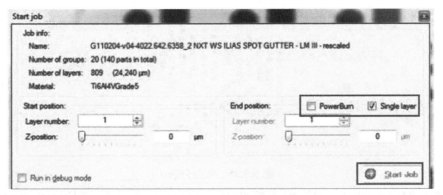

图 5.5.28　设置打印任务

⑧开始打印,如图 5.5.29 所示。

图 5.5.29　开始打印

9)取件

打印完成后取件,零件需被取出去并处理。

①打印完成后,单击"泄压(Release Pressure)",如图 5.5.30 所示。

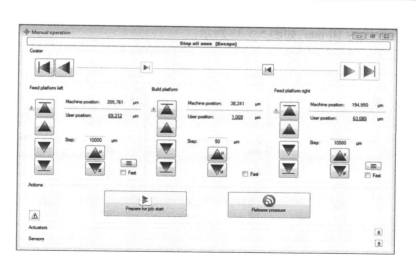

图 5.5.30　泄压

②泄压完成后,开始拧松螺丝,一次拧松一个螺丝一圈,按顺序一个接一个,直到都拧松如图 5.5.31 所示。

图 5.5.31　拧松螺丝

③将两侧供粉舱上升至与模块同一水平。单击供粉舱的"使用者位置(User position)",设置为 0。这样未使用粉末的高度将会被标记,如图 5.5.32 所示。

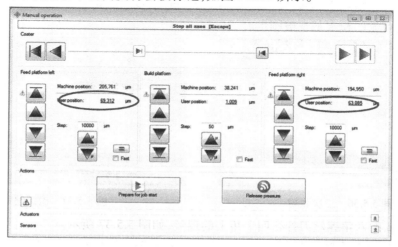

图 5.5.32　标记粉末高度

④下降供粉舱大约 10 mm,如图 5.5.33 所示。

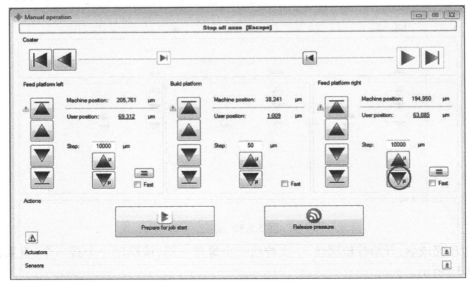

图 5.5.33　下降供粉舱

⑤上升成型舱大约 20 mm,如图 5.5.34 所示。

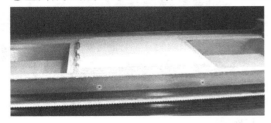

图 5.5.34　上升供粉舱

图 5.5.35　一次清粉

⑥逐步地将成型舱内粉末刷至供粉舱,如图 5.5.35 所示。

⑦再次上升成型舱 20 mm,降低供粉舱 100 mm,逐步地刷走粉末,如图 5.5.36 所示。重复此步骤直到可见的粉末基本被刷走。

图 5.5.36　二次清粉

图 5.5.37　松螺丝

⑧用 5 mm 的六角螺丝刀拧松四个角上的螺丝,如图 5.5.37 所示。

⑨将螺丝放置在不易丢失的位置,倾斜基板将粉末倒至供粉舱,如图 5.5.38 所示。

⑩用橡胶榔头敲击基板背部,继续去除粉末,如图 5.5.39 所示。

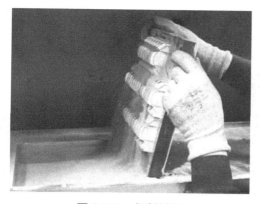

图 5.5.38　倾斜基板

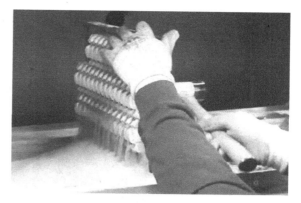

图 5.5.39　榔头敲击基板

5.5.2　任务实施——汽车把手产品上机打印

SLM 设备操作

①步骤一:清理设备里的旧粉末,添加新粉末(图 5.5.40)。

②步骤二:放入成型基板,确认成型平台(图 5.5.41)。

③步骤三:检测刮刀是否平衡,检查成型室是否正常(图 5.5.42)。

④步骤四:清理设备激光镜。用擦镜纸沾酒精(图 5.5.43),探试打印舱内的激光透镜(图 5.5.44)。

图 5.5.40　加粉

图 5.5.41　放入基板

图 5.5.42　检测刮刀是否正常

图 5.5.43　擦镜纸沾酒精

⑤步骤五:完成设备上机前的准备工作,关闭舱门(图 5.5.45)。

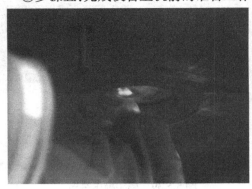

图 5.5.44　擦拭透镜

图 5.5.45　关闭舱门

⑥步骤六:开始打印操作(图 5.5.46—图 5.5.49),观察成型情况。

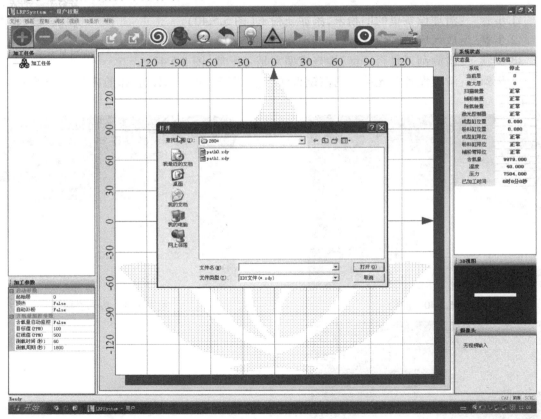

图 5.5.46　添加打印文件

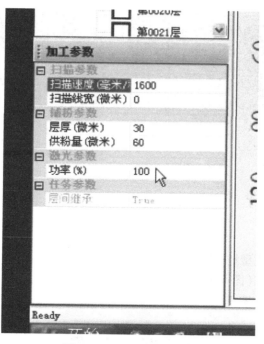

图 5.5.47   调整打印参数

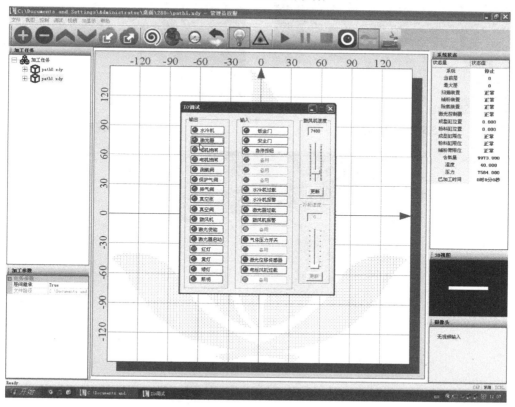

图 5.5.48   准备开始打印

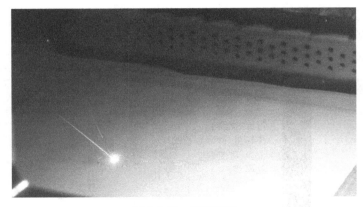

图 5.5.49　打印过程

排插模型
打印制作

⑦取件。

通过控制电脑升起成型缸（图 5.5.50）。

清理基板周围的粉末（图 5.5.51）。

拧松螺丝，取出基板（图 5.5.52）。

图 5.5.50　升起成型缸

图 5.5.51　清理粉末

图 5.5.52　取出基板

任务 5.6   项目小结

5.6.1   小结

前处理流程如图 5.6.1 所示。

本章以对使用 SLM 工艺制造的汽车把手模型进行后端处理为载体，详细介绍了 SLM 工艺前处理的步骤与相关知识。SLM 工艺前处理主要包含模型诊断修复、摆放、添加支撑、上机打印。SLM 工艺的前处理非常重要，这是关系到产品能否正常成型。

5.6.2   项目单卡（活页可撕）

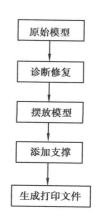

图 5.6.1   SLM 前处理
工艺流程

训练一项目计划表

工序	工序内容
1	使用＿＿＿＿＿软件打开模型。
2	在＿＿＿＿＿选项卡下打开＿＿＿＿＿命令。
3	使用该命令进行＿＿＿＿＿分析。
4	

训练一自评表

评价项目	评价要点	符合程度		备注
模型分析	能够进行壁厚分析	□基本符合	□基本不符合	
	能够检查装配间隙	□基本符合	□基本不符合	
学习目标	掌握 SLM 打印原理	□基本符合	□基本不符合	
	了解 SLM 设备基本结构	□基本符合	□基本不符合	
	了解汽车把手模型分析内容	□基本符合	□基本不符合	
课堂 6S	整理（Seire）	□基本符合	□基本不符合	
	整顿（Seition）	□基本符合	□基本不符合	
	清扫（Seiso）	□基本符合	□基本不符合	
	清洁（Seiketsu）	□基本符合	□基本不符合	
	素养（Shitsuke）	□基本符合	□基本不符合	
	安全（Safety）	□基本符合	□基本不符合	
评价等级	A	B	C	D

训练一小组互评表

序号	小组名称	计划制订 （展示效果）			任务实施 （作品分享）		评价等级			
		可行	基本 可行	不可行	完成	没完成	A	B	C	D
1										
2										
3										
4										

训练一教师评价表

小组名称	计划制订 （展示效果）			任务实施 （作品分享）	
	可行	基本可行	不可行	完成	没完成

评价等级：A□　B□　C□　D□　　　　　　　　　　　　教学老师签名：＿＿＿＿＿

训练二项目计划表

工序	工序内容
1	在_____选项卡下打开_____新建平台，导入模型。
2	在_____选项卡下使用_____、_____、_____将模型摆放好。
3	在_____选项卡下使用_____功能为模型添加支撑。
4	

训练二自评表

评价项目	评价要点	符合程度		备注
数据操作	模型无破损情况	□基本符合	□基本不符合	
	模型摆放合理	□基本符合	□基本不符合	
	模型切片导出	□基本符合	□基本不符合	
学习目标	掌握模型摆放技巧	□基本符合	□基本不符合	
	掌握模型添加支撑的技巧	□基本符合	□基本不符合	
课堂 6S	整理（Seire）	□基本符合	□基本不符合	
	整顿（Seition）	□基本符合	□基本不符合	
	清扫（Seiso）	□基本符合	□基本不符合	
	清洁（Seiketsu）	□基本符合	□基本不符合	
	素养（Shitsuke）	□基本符合	□基本不符合	
	安全（Safety）	□基本符合	□基本不符合	
评价等级	A	B	C	D

训练二小组互评表

序号	小组名称	计划制订 （展示效果）			任务实施 （作品分享）		评价等级			
		可行	基本可行	不可行	完成	没完成	A	B	C	D
1										
2										
3										
4										

训练二教师评价表

小组名称	计划制订 （展示效果）			任务实施 （作品分享）	
	可行	基本可行	不可行	完成	没完成

评价等级：A□　B□　C□　D□　　　　　　　　　　　　　教学老师签名：＿＿＿＿＿＿

训练三项目计划表

工序	工序内容
1	穿戴好防护用品_____、_____。
2	在打印前机器需要进行_____、_____。
3	复制打印文件到控制电脑进行_____、_____、_____后,开始打印。
4	打印时,需要进行_____。

训练三自评表

评价项目	评价要点	符合程度		备注
打印操作	穿戴好防护工具	□基本符合	□基本不符合	
	设备正常打印	□基本符合	□基本不符合	
	顺利取出工件	□基本符合	□基本不符合	
学习目标	设备调试步骤	□基本符合	□基本不符合	
	取件步骤	□基本符合	□基本不符合	
课堂 6S	整理(Seire)	□基本符合	□基本不符合	
	整顿(Seition)	□基本符合	□基本不符合	
	清扫(Seiso)	□基本符合	□基本不符合	
	清洁(Seiketsu)	□基本符合	□基本不符合	
	素养(Shitsuke)	□基本符合	□基本不符合	
	安全(Safety)	□基本符合	□基本不符合	
评价等级	A	B	C	D

训练三小组互评表

序号	小组名称	计划制订（展示效果）			任务实施（作品分享）		评价等级			
		可行	基本可行	不可行	完成	没完成	A	B	C	D
1										
2										
3										
4										

训练三教师评价表

小组名称	计划制订（展示效果）			任务实施（作品分享）	
	可行	基本可行	不可行	完成	没完成

评价等级:A□　B□　C□　D□　　　　　　　　　　　　　教学老师签名:＿＿＿＿＿

5.6.3　拓展训练

(1)填空题

1)使用 SLM 工艺时,产品摆放要求有_____。

2)SLM 工艺的全称是_____。

3)SLM 工艺的材料主要成分有_____、_____、_____、

_____。

(2)简答题

1)简述 SLM 前处理工艺流程。

2)SLM 工艺设备的主要组成部分是什么。

3)SLM 工艺打印材料一般有哪些。

4)SLM 工艺的优点有哪些。

5)SLM 标准穿戴要求是什么。

(3)实训

根据本项目内容,制订一个汽车把手产品的前处理流程,并进行扳手产品的前处理。

参考文献

［1］王晓燕,朱琳.3D 打印与工业制造［M］.北京:机械工业出版社,2019.

［2］王永信.快速成型及真空注型技术与应用［M］.西安:西安交大,2014.

［3］陈雪芳.逆向工程与快速成型技术应用［M］.3 版.北京:西安交通大学机械工业出版社,2019.

［4］赖周艺,朱铭强,郭峤.3D 打印项目教程［M］.重庆:重庆大学出版社,2015.

［5］刘海光,缪遇春.3D 打印工艺规划与设备操作［M］.北京:高等教育出版社,2019.

［6］原红玲.快速制造技术及应用［M］.北京:航空工业出版社,2015.